Parallelo
Mathematik

6 **Basisaufgaben**
Niedersachsen

Herausgegeben von
Anja Pies-Hötzinger

Erarbeitet von
Susanne Batzer
Bernd Bolduan
Martin Cichon
Daniel Jacob
Juliane von Jagow
Jeannine Kreuz
Markus Ledebur
Julia Maaß
Katharina Perbandt
Heike Sankowsky
Martin Wachter
Winfred Weis
Christina Wolf
Rainer Zillgens

Beraten von
Judith Decreßin
Christina Kapitza
Knut Kumpe
Susanne Kuß
Caroline Marx
Christa Meyer
Jessica Rettke
Ronald Sturm

Cornelsen

Parallelo
Mathematik

6 Basisaufgaben
Niedersachsen

Redaktion: Sabrina Bühl, Inga Knoff, Kerstin Kälberer, Marcus Rademacher, Alina Maas
Illustration: Raimo Bergt, Tobias Dahmen
Grafik: Christian Böhning
Umschlaggestaltung und Layoutkonzept: Studio SYBERG, Berlin
Layout und technische Umsetzung: Jürgen Brinckmann, MeGA14, Berlin

Begleitmaterial zum Lehrwerk

Schülerbuch	978-3-06-004905-9	E-Book Schülerbuch	978-3-06-004911-0
Lehrerfassung	978-3-06-004764-2	E-Book Lehrerfassung	978-3-06-004776-5
Arbeitsheft	978-3-06-004923-3	Unterrichtsmanager auf USB-Stick mit E-Book und Begleitmaterialien	978-3-06-004001-8
Arbeitsheft für Lernende mit erhöhtem Förderbedarf für den inklusiven Unterricht	978-3-06-005209-7	Unterrichtsmanager online mit E-Book und Begleitmaterialien	978-3-06-004014-8
Grundlagen	978-3-06-004376-7	Diagnose und Fördern online	978-3-06-015831-7
Lehrerfassung	978-3-06-004764-2	Lösungen als Download	978-3-06-041732-2
Lösungen	978-3-06-004930-1	Kopiervorlagen zur Sprachförderung als Download	978-3-06-040987-7
Handreichungen	978-3-06-004947-9		
Kopiervorlagen zur Sprachförderung	978-3-46-454001-5		

www.cornelsen.de

1. Auflage, 1. Druck 2021

Alle Drucke dieser Auflage sind inhaltlich unverändert und können im Unterricht nebeneinander verwendet werden.

Druck: Mohn Media Mohndruck, Gütersloh

ISBN 978-3-06-004941-7

PEFC
PEFC/04-31-1033

PEFC zertifiziert
Dieses Produkt stammt aus nachhaltig bewirtschafteten Wäldern und kontrollierten Quellen.

www.pefc.de

Teilbarkeit und Brüche

Mit Brüchen addieren und subtrahieren

Körper

Mit Brüchen multiplizieren und dividieren

Dezimalzahlen

Medienkompetenz + zusätzlicher Inhalt

Daten und Zufall

Mit Dezimalzahlen rechnen

Ganze Zahlen

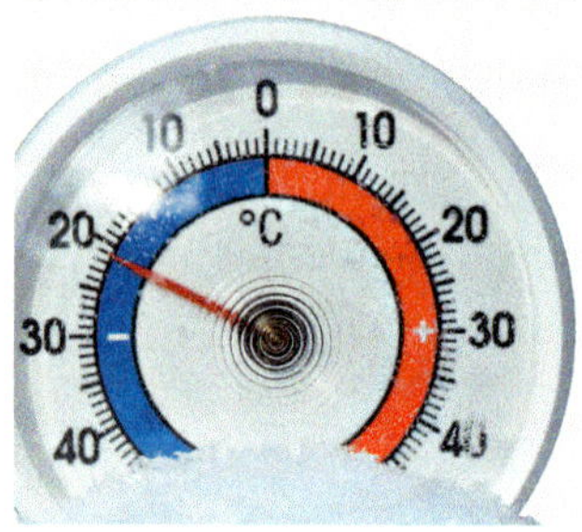

Zuordnungen

Anhang

Die Lösungen können unter https://www.cornelsen.de/codes/code/kiyixi abgerufen werden.

Teilbarkeit und Brüche

In diesem Kapitel lernst du, ...

- → Vielfache und Teiler zu bestimmen.
- → wie du mit Teilbarkeitsregeln überprüfen kannst, ob man Zahlen ohne Rest dividieren kann.
- → Anteile von einem Ganzen zu erkennen und zu zeichnen.
- → Brüche zu erweitern und zu kürzen.
- → Brüche zu vergleichen.
- → Brüche an einem Zahlenstrahl darzustellen.

Wie viele Kinder können sich die Gummibärchen gerecht teilen?
Und die Schokolade?
Wie viele Stückchen bekommt jedes Kind, wenn sich 4 Kinder die Schokolade gerecht teilen?
Wie viele Stückchen sind es bei 32 Kindern?

ANWENDEN

1 Welche Multiplikationsreihe ist das?
Schreibe die nächsten drei Vielfachen auf.

a)
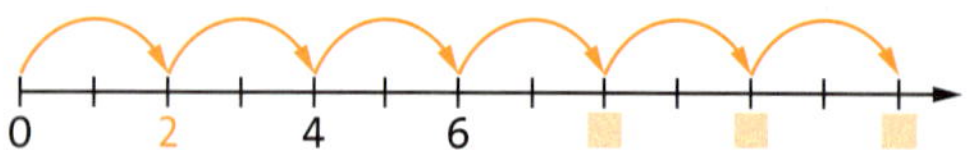

b)
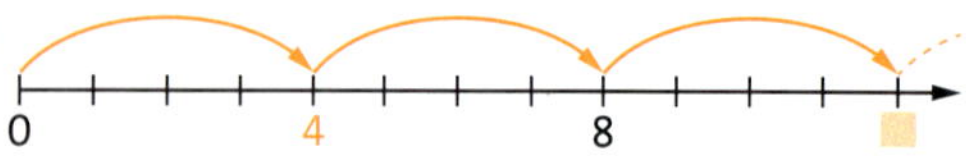

c)

Tipp Auf welche Zahl zeigt der erste Pfeil?

2 Schreibe die ersten fünf Vielfachen auf.

a) 2 b) 5 c) 10
d) 9 e) 8 f) 7

Tipp Die ersten fünf Vielfachen von 4 sind: 4, 8, 12, 16 und 20.

3 Übertrage und ergänze im Heft.

a) Vielfache von 2: 2; 4; ■; 8; ■; ■; …
b) Vielfache von 5: ■; ■; 15; ■; 25; …
c) Vielfache von ■: ■; 18; 27; 36; ■; ■; …

Tipp Multiplikationsreihen:
zu a) die 2er-Reihe
zu b) die 5er-Reihe
zu c) Zu welcher Reihe passen 18; 27; 36?

4 Vielfaches oder kein Vielfaches? Begründe.

Tipp 8 ist **ein** Vielfaches von 4, weil $2 \cdot 4 = 8$
9 ist **kein** Vielfaches von 4,
weil 9 nicht zur 4er-Reihe gehört.

a) 36 ist ein/kein Vielfaches von 6, weil …
b) 46 ist ein/kein Vielfaches von 8, weil …

Tipp die 6er-Reihe: 6; 12; 18; 24; …
die 8er-Reihe: 8; 16; 24; 32; …

Methode Das kgV
Das kleinste gemeinsame Vielfache
Gemeinsame Vielfache kann man mit den Vielfachen bestimmen:

$V_2 = \{2; 4; 6; 8; 10; 12; 14; 16; 18; 20; \ldots\}$
$V_3 = \{3; 6; 9; 12; 15; 18; 21; \ldots\}$

Das kleinste gemeinsame Vielfache von 2 und 3 ist 6. kgV (2; 3) = 6

5 Bestimme die ersten drei gemeinsamen Vielfachen.
Welches ist das kleinste gemeinsame Vielfache (kgV)?

a) $V_4 = \{4; 8; 12; 16; 20; 24; 28; 32; 36; 40; \ldots\}$
$V_6 = \{6; 12; 18; 24; 30; 36; 42; 48; 54; \ldots\}$
b) $V_3 = \{3; 6; 9; 12; 15; 18; \ldots\}$
$V_5 = \{5; 10; 15; 20; 25; 30; \ldots\}$

6 Schreibe zu den beiden Zahlen die Vielfachen auf. Welches Vielfache ist das kleinste gemeinsame Vielfache?

a) von 2 und 3 b) von 3 und 5
c) von 5 und 6 d) von 2 und 6

Tipp ① Schreibe von beiden Zahlen die Vielfachen auf.
② Schreibe gemeinsame Vielfachen orange.
③ Kreise das kleinste gemeinsame Vielfache grün ein.

7 Wie viel braucht man für 4; 6 oder 10 Personen?

8 Übertrage und ergänze im Heft.
Welche Zahlen sind **Teiler**?
Welche Zahlen sind **keine Teiler**?

a)	b)
$6 : 1 = 6$	$14 : 1 = 14$
$6 : 2 = 3$	$14 : 2 = 7$
$6 : 3 = 2$	$14 : 3 =$ geht nicht
$6 : 4 =$ geht nicht	$14 : 4 =$ geht nicht

9 Teiler oder kein Teiler? Begründe.
Tipp Ja. 8 ist **ein** Teiler von 56, weil 56 : 8 = 7
Nein. 11 ist **kein** Teiler von 56,
weil 56 : 11 geht nicht ohne Rest
a) Ist 6 ein Teiler von 24?
b) Ist 5 ein Teiler von 31?
c) Ist 9 ein Teiler von 81?

Tipp Die Teiler von 24 sind 1; 2; 3; 4; …

10 Welche Zahlen sind Teiler von 36? Begründe.
Tipp 8 ist ein Teiler von 56, weil 56 : 8 = 7.

1 2 3 4 5 6

Tipp Kann man 36 ohne Rest durch 1 teilen?
Kann man 36 ohne Rest durch 2 teilen?
…

11 Kim soll alle Teiler von 18 finden.
a) Beschreibe, was Kim meint. Warum hat sie Rechnungen durchgestrichen?
b) Woran erkennt Kim, dass sie alle Teiler gefunden hat?
c) Beschreibe Kims Vorgehen mit eigenen Worten.

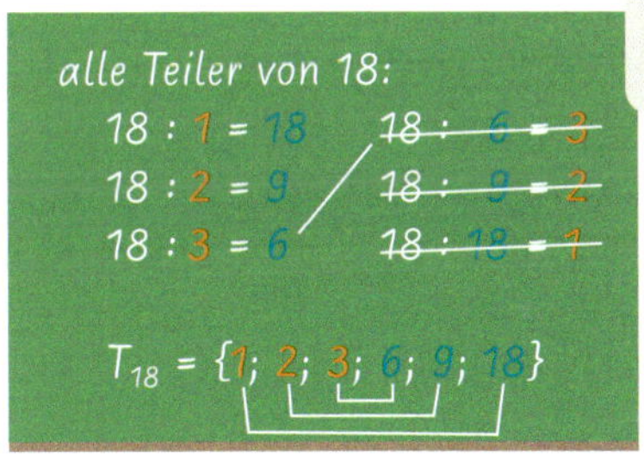

12 Übertrage und ergänze alle Teiler im Heft.
a) alle Teiler von 10: 1; ▒; ▒; 10
b) alle Teiler von 14: ▒; ▒; ▒; 14
c) alle Teiler von 30: 1; ▒; ▒; ▒; ▒; ▒; ▒; 30

Tipp Schreibe die Divisionsaufgaben wie Kim in Aufgabe 11 auf.

13 Überprüfe, ob Ole alle Teiler gefunden hat. Ergänze im Heft.
a) *alle Teiler von 22: 1; 2; 4; 11; 22*
b) *alle Teiler von 40: 1; 2; 4; 8; 40*

Tipp zu a) 22 hat vier Teiler.
Da ist ein Teiler zu viel.
zu b) 40 hat acht Teiler. Es fehlen drei Teiler.

14 Jannek hat 12 Fliesen. Er möchte die Fliesen zu einem Rechteck anordnen.

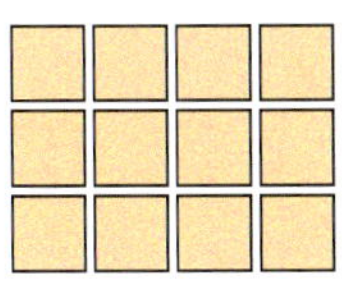

a) Zeichne andere Möglichkeiten ins Heft, wie Jannek die Fliesen anordnen kann.
b) Wie viele Möglichkeiten gibt es?
c) Jannek bekommt noch 12 Fliesen dazu. Wie viele Möglichkeiten gibt es jetzt?

Tipp Schreibe alle Teiler von 12 auf.

ANWENDEN

1 Welche Zahl ist durch 2 teilbar? Begründe.
Tipp 14 ist durch 2 teilbar, weil …

a) 24 b) 36
c) 45 d) 1002

Tipp Eine Zahl ist **durch 2 teilbar**, wenn die letzte Ziffer eine 0, 2, 4, 6 oder 8 ist.

2 Welche Zahl ist durch 5 teilbar? Begründe.

a) 55 b) 38
c) 2010 d) 38 109

Tipp Eine Zahl ist **durch 5 teilbar**, wenn …
Also: 55 ist durch 5 teilbar, weil…

3 Welche Zahl ist durch 10 teilbar? Begründe.

a) 90 b) 78
c) 900 d) 3050

Tipp Eine Zahl ist **durch 10 teilbar**, wenn …
Also 90 ist durch 10 teilbar, weil…

Hinweis
*Man nennt eine Zahl **gerade**, wenn sie durch 2 teilbar ist.*

4 Welche Zahlen sind gerade? Welche Zahlen sind durch 5 teilbar, welche durch 10?

468 2100 4785 9874 3600 6780 3476 9615 64 000 120 550

5 Welchen Geldbetrag kann man mit 2-€-Münzen bezahlen?

a) 17 € b) 22 €
c) 28 € d) 46 €

Tipp Teilbarkeitsregel: Wann ist eine Zahl durch 2 teilbar?

6 Übertrage und ergänze im Heft.
Die Zahl soll durch 5 teilbar sein.

a) 279▢
b) 380▢
c) 987▢

0 2 4 6 8
1 3 5 7 9

Tipp Teilbarkeitsregel: Wann ist eine Zahl durch 5 teilbar?
Es gibt mehrere Lösungen.

7 Welche Zahl ist die nächstgrößere, die durch 10 teilbar ist?

a) 38 b) 45
c) 121 d) 199

Tipp Teilbarkeitsregel: Wann ist eine Zahl durch 10 teilbar?

8 Yasmin möchte 54 € bei der Bank abholen.
a) Yasmin möchte nur 2-€-Münzen haben.
b) Yasmin möchte nur 5-€-Scheine haben.
c) Yasmin möchte nur 10-€-Scheine haben.
Kann Yasmin das Geld so bei der Bank abholen? Begründe.
Wie viele Münzen oder Scheine erhält sie?

Tipp zu a) Ist 2 ein Teiler von 54?

9 Pia sagt: „Wenn eine Zahl durch 2 und durch 5 teilbar ist, dann ist sie auch durch 10 teilbar.“ Stimmt das?
Probiere das mit den Zahlen 40 und 200 aus.

Tipp Ist 40 durch 2 teilbar?
Ist 40 durch 5 teilbar?
Ist 40 dann auch durch 10 teilbar?

10 Berechne die Quersumme.

a) 45 b) 987
c) 1258 d) 2054

Tipp Quersumme von 5640:
5 + 6 + 4 + 0 = 15

11 Welche Zahl ist durch 3 teilbar?
Begründe mithilfe der Quersumme.

a) 56 b) 87
c) 189 d) 553
e) 1560 f) 12 024

Tipp Ist die Quersumme durch 3 teilbar?

12 Immer 3 Stifte sollen zusammen verpackt werden. Bei welchen Stiften ist das möglich?
Gib weitere Mengen an, die man so verpacken kann.

49 1215 657 12 060

13 Übertrage und ergänze die Ziffern im Heft.
Die Zahl soll durch 3 teilbar sein.

a) ▒2 b) 3▒
c) 7▒ d) ▒53

Vergleicht eure Ergebnisse.

Tipp Welche Ziffer kannst du einsetzen?
0 1 2 3 4 5 6 7 8 9
zu a) ▒ + 2 = ? ← Das Ergebnis muss durch 3 teilbar sein.

14 Die Klasse 6 a hat 27 Schüler.
Für eine Gruppenarbeit sollen sie sich in gleich große Gruppen mit jeweils 3 Schülern einteilen.
Ist das möglich? Begründe.

Tipp Ist 3 ein Teiler von 27?

15 Bilde aus den Kärtchen Zahlen, die durch 3 teilbar sind.

6 5 3 4 3 0

Tipp Du musst nicht alle Kärtchen benutzen.

16 Übertrage und ergänze die Tabelle im Heft.

	teilbar durch	2	3	5	10
a)	120	✓	✓		
b)	225	X			
c)	310				
d)	546				

Tipp zu a) Ist 120 durch 2 teilbar?
durch 3 teilbar?
durch 5 teilbar?
durch 10 teilbar?
Endziffern-Regeln und Quersummen-Regel

17 Die Zahlen sind durch 3 teilbar:

174 234 285

Sind die Zahlen noch durch 3 teilbar, wenn
a) man Ziffern vertauscht?
b) man von der Zahl 3 subtrahiert?
c) man zu der Zahl 6 addiert?
d) man die Zahl verdreifacht?
Begründet eure Antwort.

ANWENDEN

Hinweis
Der Zwerg sitzt auf dem Nilpferd.

1 Was bedeutet $\frac{4}{5}$?

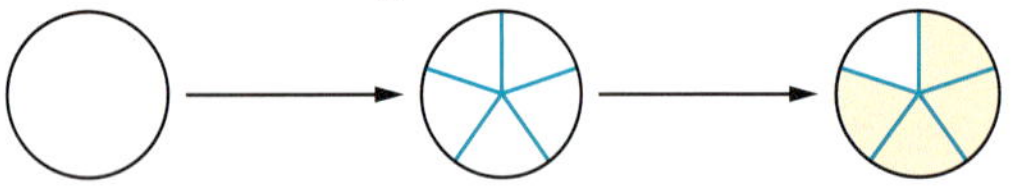

Tipp Das Ganze wurde in ▩ gleich große Teile geteilt.
Davon werden ▩ Teile genommen.

2 Wie heißt der Bruch?
Schreibe den Bruch mit Zahlen und in Worten.

a) 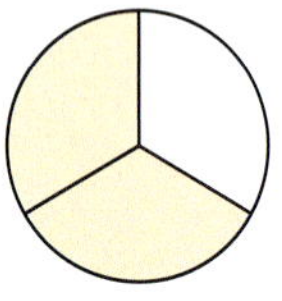

b) 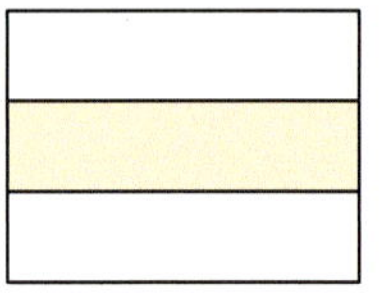

c) 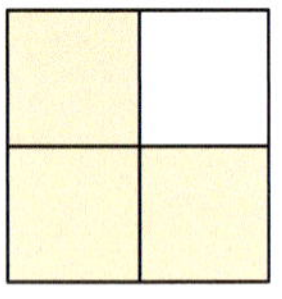

d) 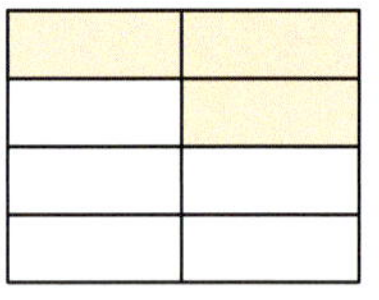

e) 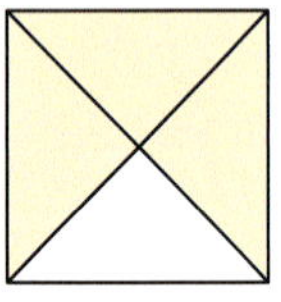

f) 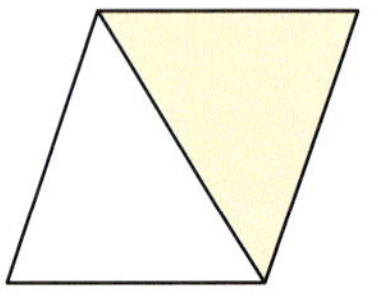

Tipp
Zähler: Wie viele Teile sind orange?
Nenner: Wie viele gleich große Teile sind es?

3 Übertrage die Rechtecke ins Heft.
Male den Anteil bunt.

a) $\frac{1}{4}$ b) $\frac{5}{6}$

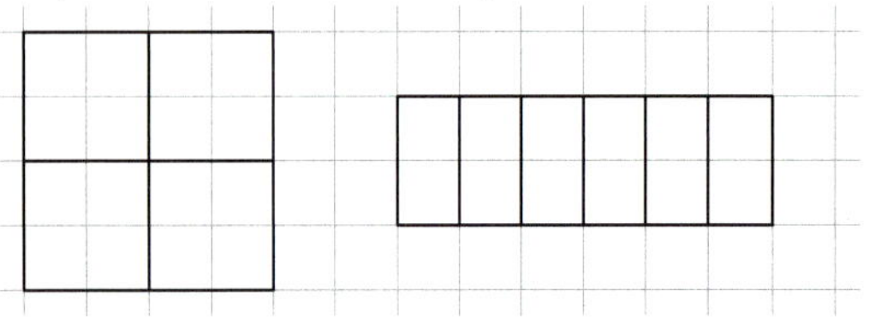

Tipp
① Prüfe, ob das Rechteck in gleich große Teile eingeteilt ist.
② Male ▩ Teile bunt an.

4 Wie heißt der Bruch? Finde die Fehler und verbessere sie.

a) 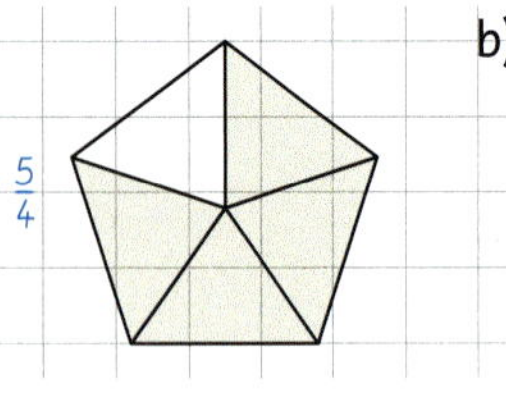

b) 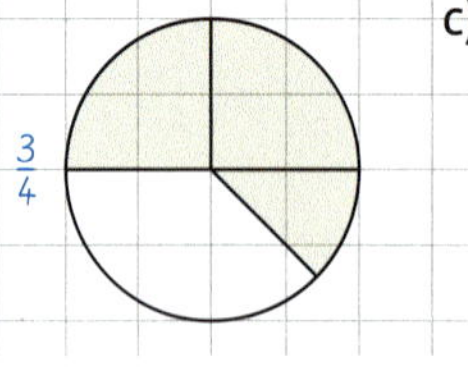

c) 

d) 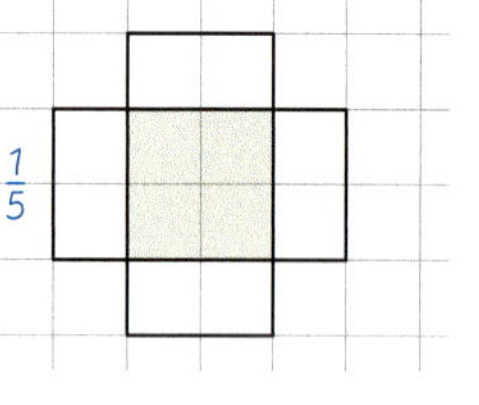

5 Übertrage den Streifen dreimal ins Heft.
Male den Anteil bunt.

a) $\frac{1}{3}$ b) $\frac{3}{4}$ c) $\frac{7}{12}$

Tipp Überlege, wie du den Streifen einteilst.

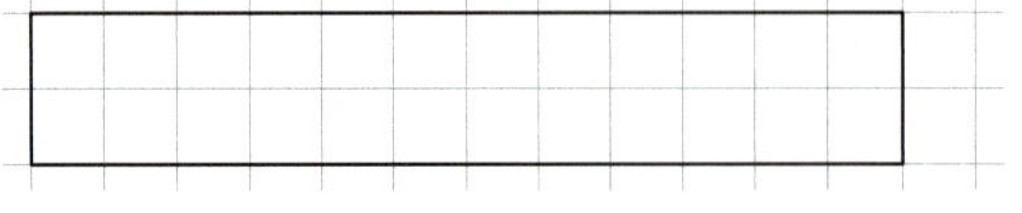

Tipp Teile den Streifen
für Drittel in drei gleich große Teile,
für Viertel in vier gleich große Teile und
für Zwölftel in zwölf gleich große Teile.

6 Welcher Anteil ist orange? Welcher blau?

a)

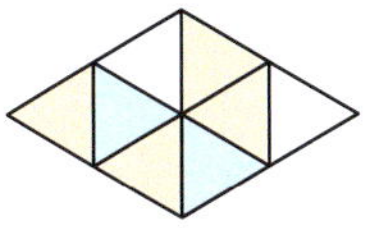

b)

Tipp Wie viele Dreiecke sind es insgesamt? Wie viele Dreiecke sind davon blau? Wie viele Dreiecke sind davon orange?

7 Beschreibe, was hier passiert. Erkläre die Rechnung mithilfe der Pizzen:

$\frac{16}{8} = 16 : 8 = 2$

8 Schreibe als Bruch, als Division und als Ganze.

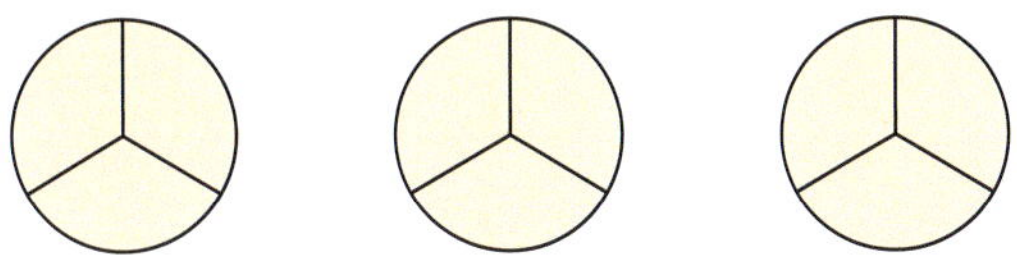

Tipp Stelle dir das mit Pizzen vor: Wie viele gleich große Stücke Pizza sind das? Wie viele ganze Pizzen ergeben die Stücke zusammen?

9 Schreibe als Ganze.

a) $\frac{4}{2}$ b) $\frac{5}{5}$

c) $\frac{6}{3}$ d) $\frac{12}{6}$

Tipp $\frac{4}{2} = 4 : 2 = \blacksquare$

Hinweis
Ist der Zähler größer oder gleich dem Nenner, heißt der Bruch ***unechter Bruch****.*

Info Gemischte Zahlen

Ist der Zähler größer als der Nenner, kann man den Bruch als **gemischte Zahl** schreiben.

ein drei Viertel

$\frac{7}{4} = 1\frac{3}{4}$

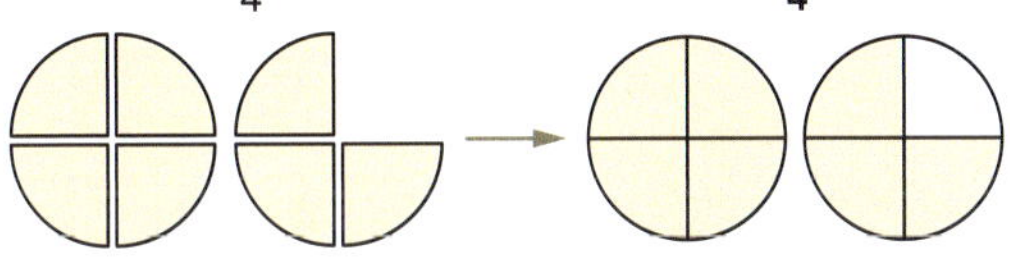

Man kann auch mit einer Division umrechnen: $\frac{7}{4} = 1\frac{3}{4}$, weil 7 : 4 = 1 Rest 3

10 Beschreibe, was hier passiert. Schreibe als Bruch und als gemischte Zahl.

a)

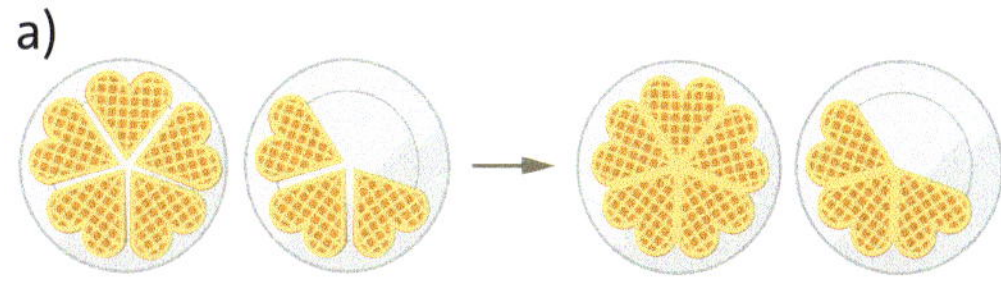

b)

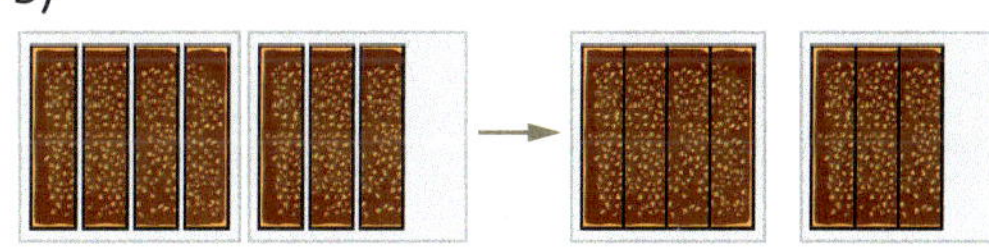

11 Übertrage und zeichne die Brüche ein. Schreibe dann als gemischte Zahl.

a) $\frac{7}{3}$

b) $\frac{5}{4}$

Überprüfe mit einer Division.

Tipp Stelle dir das mit Pizzen vor: Wie viele gleich große Stücke Pizza sind das? Wie viele ganze Pizzen ergeben die Stücke zusammen? Wie viele Stücke Pizza bleiben über?

12 Welche gemischte Zahl gehört zum Bruch? Beschreibt euer Vorgehen.

$1\frac{4}{5}$ $\frac{12}{5}$ $\frac{7}{2}$ $\frac{3}{2}$ $\frac{18}{7}$ $\frac{19}{6}$ $3\frac{1}{6}$

$3\frac{1}{2}$ $1\frac{1}{2}$ $3\frac{5}{6}$ $2\frac{4}{7}$ $3\frac{1}{7}$ $2\frac{2}{5}$

ANWENDEN

1 Bei jeweils zwei Kuchen ist noch gleich viel da. Welche sind das?
Schreibe sie mit Brüchen auf: $\frac{1}{2} = \frac{4}{8}$

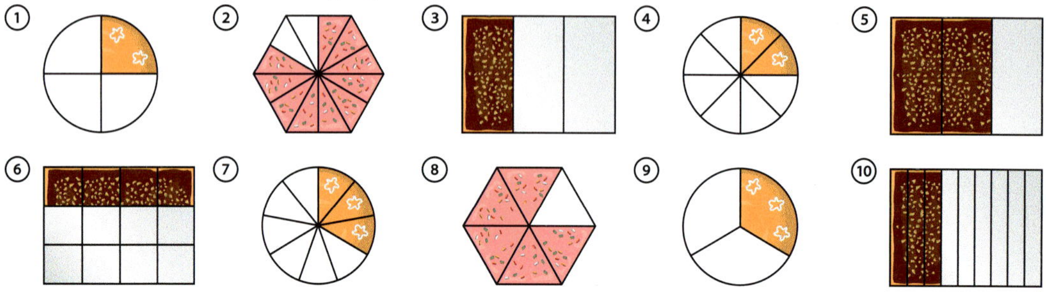

2 Wie wurde der Bruch erweitert?
Tipp Welcher Bruch steht links? Welcher rechts? Mit welcher Zahl wurde multipliziert?

a)

b)

Tipp Erweitern heißt: Zähler und Nenner mit derselben Zahl zu multiplizieren $\cdot \square$.

3 Erweitere den Bruch mit 2.
Tipp Schreibe so: $\frac{1}{3} \overset{\cdot 2}{\underset{\cdot 2}{=}} \frac{\square}{\square}$

a) $\frac{1}{3}$ b) $\frac{5}{6}$
c) $\frac{7}{8}$ d) $\frac{4}{5}$

Tipp Multipliziere Zähler und Nenner mit der Erweiterungszahl 2.

4 Wie wurde der Bruch gekürzt?
Tipp Welcher Bruch steht links? Welcher rechts? Durch welche Zahl wurde dividiert?

a)
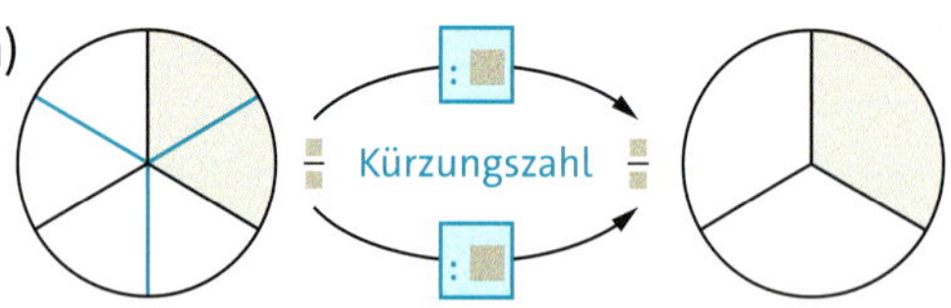

b)
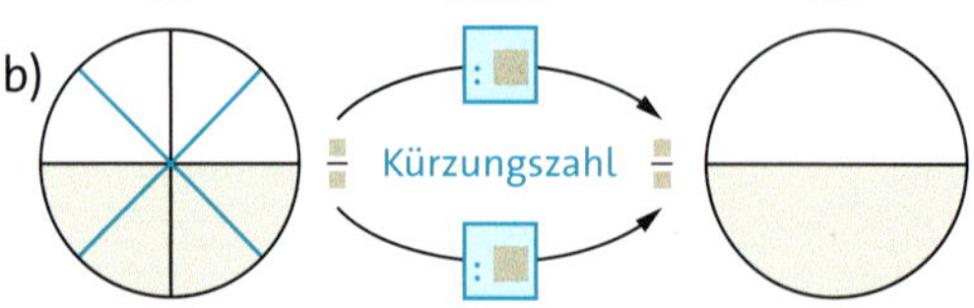

Tipp Kürzen heißt: Zähler und Nenner durch dieselbe Zahl zu dividieren $: \square$.

5 Kürze den Bruch mit 2.
Tipp Schreibe so: $\frac{4}{6} \overset{:2}{\underset{:2}{=}} \frac{\square}{\square}$

a) $\frac{4}{6}$ b) $\frac{12}{16}$
c) $\frac{6}{10}$ d) $\frac{24}{26}$

Tipp Dividiere den Zähler und den Nenner durch die Kürzungszahl 2.

Nachgedacht
„Soll ich die halbe Pizza in 4 oder in 6 Stücke schneiden?“
„Lieber in 4 Stücke. Mehr schaffe ich nicht.“

6 Erweitere mit der angegebenen Zahl.

a) $\frac{4}{5}$ mit 3 b) $\frac{1}{6}$ mit 4

c) $\frac{2}{7}$ mit 5 d) $\frac{3}{8}$ mit 6

Tipp $\frac{4}{5} \overset{\cdot 3}{\underset{\cdot 3}{=}} \frac{\square}{\square}$

7 Kürze mit der angegebenen Zahl.

a) $\frac{6}{8}$ mit 2 b) $\frac{6}{9}$ mit 3

c) $\frac{8}{16}$ mit 4 d) $\frac{20}{45}$ mit 5

Tipp $\frac{6}{8} \overset{:2}{\underset{:2}{=}} \frac{\square}{\square}$

8 Erweiterungs- und Kürzungszahl gesucht:

a) Mit welcher Zahl wurde erweitert?

① $\frac{1}{2} = \frac{3}{6}$ ② $\frac{3}{6} = \frac{9}{18}$

b) Mit welcher Zahl wurde gekürzt?

① $\frac{12}{18} = \frac{6}{9}$ ② $\frac{24}{30} = \frac{12}{15}$

Tipp
beim Erweitern: $\frac{1}{2} = \frac{3}{6}$ $1 \cdot \square = 3$ und $2 \cdot \square = 6$

beim Kürzen: $\frac{12}{18} = \frac{6}{9}$ $12 : \square = 6$ und $18 : \square = 9$

9 Olivia hat beim Erweitern und Kürzen Fehler gemacht. Beschreibt die Fehler und verbessert sie im Heft.

a) $\frac{3}{8} = \frac{15}{8}$ *b)* $\frac{18}{24} = \frac{18}{6}$ *c)* $\frac{2}{9} = \frac{6}{3}$ *d)* $\frac{4}{7} = \frac{14}{17}$ *e)* $\frac{3}{4} = \frac{6}{16}$ *f)* $\frac{2}{5} = \frac{2}{1} = 2$

10 Schrittweise erweitern und kürzen: Übertrage und ergänze im Heft.

a) Erweitern:

$\frac{2}{3} \overset{\cdot 2}{\underset{\cdot 2}{=}} \frac{\square}{6} \overset{\cdot 3}{\underset{\cdot 3}{=}} \frac{\square}{\square}$

b) Kürzen:

$\frac{12}{36} \overset{:3}{\underset{:3}{=}} \frac{\square}{\square} \overset{:2}{\underset{:2}{=}} \frac{\square}{\square}$

Tipp
Erweitern:
Multipliziere Zähler und Nenner mit derselben Zahl.

Kürzen:
Dividiere Zähler und Nenner durch dieselbe Zahl.

11 Klaas hat den Bruch vollständig gekürzt.

a) Erkläre.

$\frac{12}{36} = \frac{6}{18} = \frac{1}{3}$

Weiter kann ich den Bruch nicht kürzen.

b) Kürze vollständig.

① $\frac{18}{24}$ ② $\frac{24}{36}$ ③ $\frac{60}{80}$

Tipp Kürze schrittweise, bis es nicht mehr geht.

12 Erweitere oder kürze auf den Nenner.

a) $\frac{2}{5}$ auf Zehntel: $\frac{2}{5} = \frac{\square}{10}$

b) $\frac{40}{120}$ auf Sechstel: $\frac{40}{120} = \frac{\square}{6}$

c) $\frac{2}{10}$ und $\frac{3}{4}$ auf Zwanzigstel: $\frac{2}{10} = \frac{\square}{20}$; $\frac{3}{4} = \frac{\square}{20}$

Tipp Du kannst bei b) und c) auch schrittweise erweitern oder kürzen.

Hinweis
*Man sagt auch: Die Brüche sind **gleichwertig**.*

13 Welche Brüche haben denselben Wert? Beschreibt euer Vorgehen.

$\frac{2}{5}$ $\frac{7}{25}$ $\frac{4}{10}$ $\frac{20}{50}$ $\frac{30}{200}$ $\frac{30}{75}$

ANWENDEN

1 Welcher Bruch ist größer? Begründe.

a) 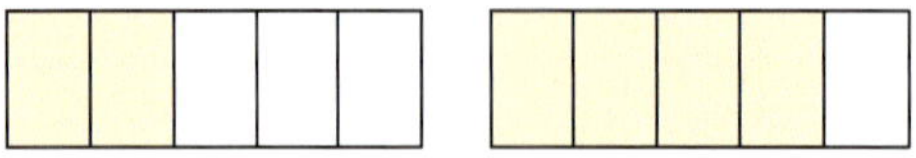

b) 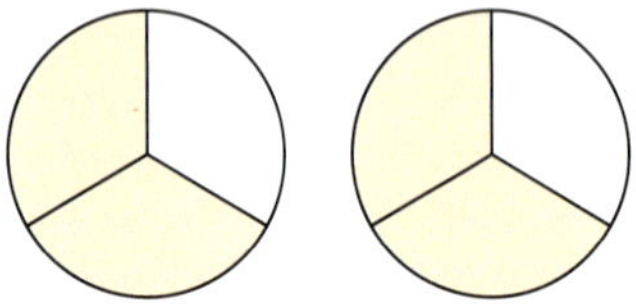

Tipp Die Brüche haben einen gemeinsamen ___. Die Brüche sind also ___.
Dann kann man einfach die ___ vergleichen.
Welcher ___ ist kleiner oder größer?

Zähler | Nenner | gleichnamig

Hinweis
Das Krokodil frisst immer die größere Zahl.

2 Kleiner als < oder größer als > ?
Setze im Heft das richtige Zeichen ein.

a) $\frac{3}{4} \square \frac{1}{4}$ b) $\frac{4}{6} \square \frac{5}{6}$

c) $\frac{8}{12} \square \frac{5}{12}$ d) $\frac{34}{50} \square \frac{42}{50}$

Tipp Die Brüche haben einen gemeinsamen Nenner. Dann ist der Bruch größer, der den größeren Zähler hat.

3 Übertrage das Rechteck zweimal ins Heft. Male die angegebenen Anteile bunt.
Welcher der beiden Brüche ist größer? Erkläre dein Vorgehen.

a) $\frac{3}{4}$ oder $\frac{7}{8}$ b) $\frac{4}{6}$ oder $\frac{7}{12}$ c) $\frac{5}{8}$ oder $\frac{1}{3}$

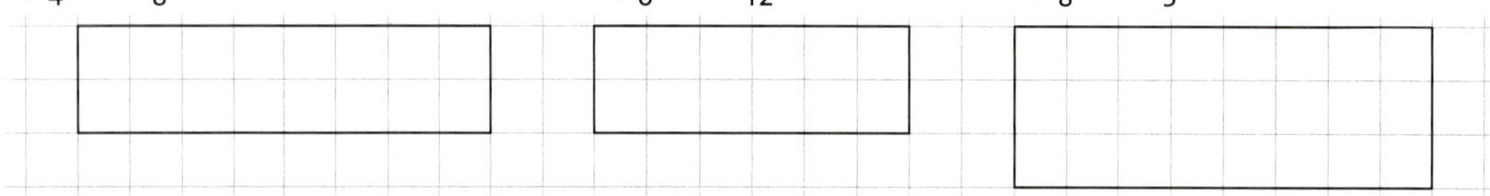

4 Vergleiche die Brüche. Schreibe < oder >.
Tipp Finde erst einen gemeinsamen Nenner.
Du musst nur einen Bruch erweitern.

a) $\frac{4}{5} \square \frac{7}{10}$ b) $\frac{11}{16} \square \frac{3}{4}$

c) $\frac{16}{40} \square \frac{3}{8}$ d) $\frac{5}{6} \square \frac{33}{36}$

e) $\frac{9}{11} \square \frac{21}{33}$ f) $\frac{38}{54} \square \frac{7}{9}$

Tipp Erweitere immer den kleineren Nenner.

5 Wer hat mehr von seiner Pizza übrig gelassen?
Begründe deine Antwort mit einer Rechnung.

Ole   Daniela

Tipp Du musst nur einen Bruch erweitern.
Welchen erweiterst du?

6 Übertrage und ergänze die Rechnung im Heft.
Erkläre die einzelnen Schritte.

① $\frac{2}{6} \square \frac{4}{9}$ gemeinsamer Nenner: 18

② $\frac{6}{18} \square \frac{8}{18}$

③ $\frac{2}{6} < \frac{4}{9}$ weil $6 < 8$

Tipp ① gemeinsamer Nenner von 6 und 9: 18
② auf den Nenner 18 erweitern:
Mit welcher Zahl wurde $\frac{2}{6}$ erweitert?
Mit welcher Zahl wurde $\frac{4}{9}$ erweitert?
③ Zähler vergleichen

7 Vergleiche die Brüche.
Tipp Erweitere beide Brüche.
Ein gemeinsamer Nenner ist angegeben.

a) $\frac{3}{4}$ □ $\frac{4}{6}$ gemeinsamer Nenner: 12

b) $\frac{1}{4}$ □ $\frac{2}{5}$ gemeinsamer Nenner: 20

c) $\frac{2}{3}$ □ $\frac{4}{8}$ gemeinsamer Nenner: 24

Tipp Erweitere beide Brüche auf den gemeinsamen Nenner:
zu a) $\frac{3}{4}$ auf $\frac{□}{12}$ Mit was muss ich 3 multiplizieren, um 12 zu erhalten?

$\frac{4}{6}$ auf $\frac{□}{12}$ Mit was muss ich 4 multiplizieren, um 12 zu erhalten?

8 Vergleiche die Brüche.
Tipp Finde erst einen gemeinsamen Nenner.
Ergänze dazu die Vielfachen der Nenner.

a) $\frac{1}{3}$ □ $\frac{4}{5}$ $V_3 = \{3; 6; 9; \ldots\}$; $V_5 = \{5; 10; 15; \ldots\}$

b) $\frac{2}{4}$ □ $\frac{3}{6}$ $V_4 = \{4; \ldots$; $V_6 = \{6; \ldots$

Tipp zu a) Ergänze die 3er-Reihe und die 5er-Reihe.
Welche Zahl haben sie gemeinsam?
Das ist der gemeinsame Nenner.

9 Vergleiche die Brüche.

a) $\frac{2}{3}$ □ $\frac{3}{4}$ b) $\frac{5}{8}$ □ $\frac{1}{2}$

c) $\frac{4}{6}$ □ $\frac{3}{5}$ d) $\frac{1}{4}$ □ $\frac{3}{10}$

e) $\frac{3}{12}$ □ $\frac{2}{8}$ f) $\frac{5}{20}$ □ $\frac{5}{6}$

Tipp Das sind die gemeinsamen Nenner:
20 8 12 60 30 24

Und das sind die Erweiterungszahlen:
6 4 3 2 10 2 5 3 4 5 3

10 Erklärt, was Janine und Thomas meinen. Welchen Tipp könnt ihr Janine geben?

Ich finde keinen gemeinsamen Nenner. Also multipliziere ich einfach die Nenner und dann über Kreuz.

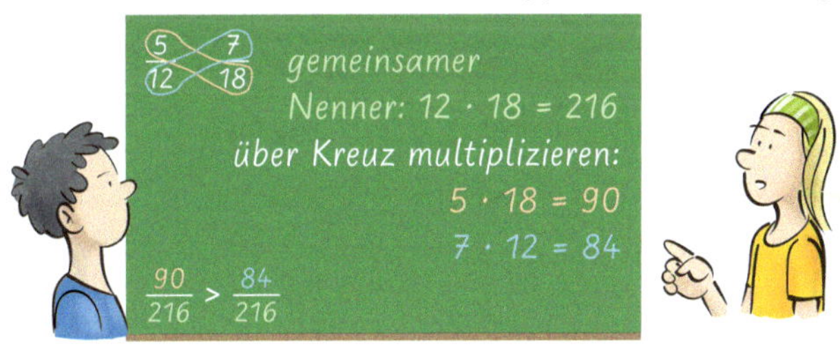

Ok. Das klappt immer. Aber die Zahlen werden so groß.

Info Der Hauptnenner
Es gibt viele gemeinsame Nenner.
Der kleinste gemeinsame Nenner heißt **Hauptnenner**.

11 Beschreibt, wie man mithilfe der Vielfachen den Hauptnenner findet:

a) Hauptnenner von $\frac{3}{8}$ und $\frac{5}{12}$

b) Hauptnenner von $\frac{5}{6}$ und $\frac{13}{15}$

12 Vergleiche die Brüche.
Tipp Finde zuerst den Hauptnenner.

a) $\frac{2}{6}$ □ $\frac{1}{4}$ b) $\frac{5}{8}$ □ $\frac{3}{12}$

c) $\frac{5}{8}$ □ $\frac{5}{6}$ d) $\frac{3}{9}$ □ $\frac{4}{6}$

e) $\frac{3}{6}$ □ $\frac{7}{12}$ f) $\frac{7}{15}$ □ $\frac{3}{6}$

Tipp Der Hauptnenner ist das kleinste gemeinsame Vielfache der beiden Nenner.

13 Ordne die Brüche der Größe nach.
Tipp Erweitere erst alle Brüche auf einen gemeinsamen Nenner.

$\frac{1}{2}$ $\frac{3}{4}$ $\frac{3}{8}$ $\frac{1}{4}$

Tipp Erweitere alle Nenner auf den größten Nenner.

1 Ergänze die Beschriftung.
Der Zahlenstrahl ist in Fünftel eingeteilt:

Tipp Der Nenner gibt an, in wie viele gleich große Teile man den Zahlenstrahl zwischen 0 und 1 einteilt. Der Zähler gibt an, wo der Bruch eingetragen wird.

2 Für welche Zahlen stehen die Buchstaben?
Zwei Brüche bleiben übrig.

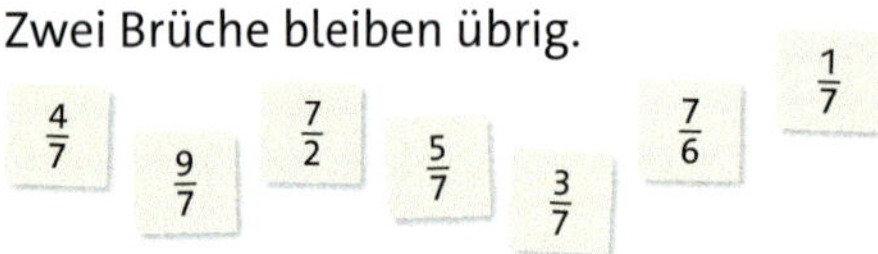

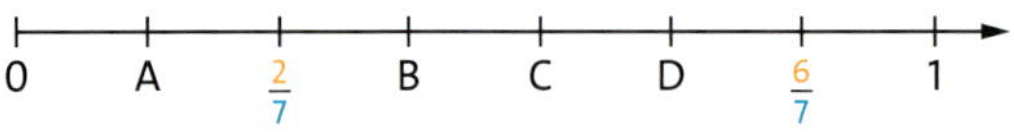

Tipp Der Zahlenstrahl ist in Siebtel eingeteilt.

3 Auf welche Brüche zeigen die Pfeile?

a)
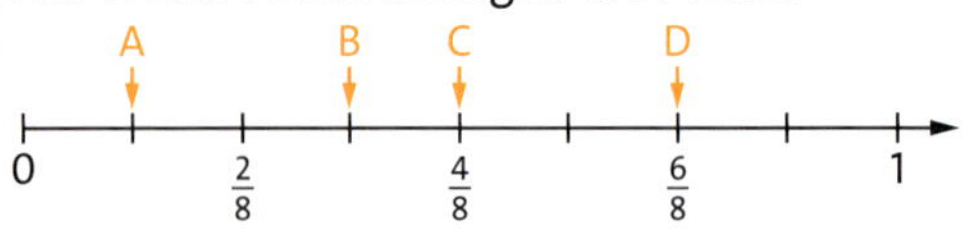

b)
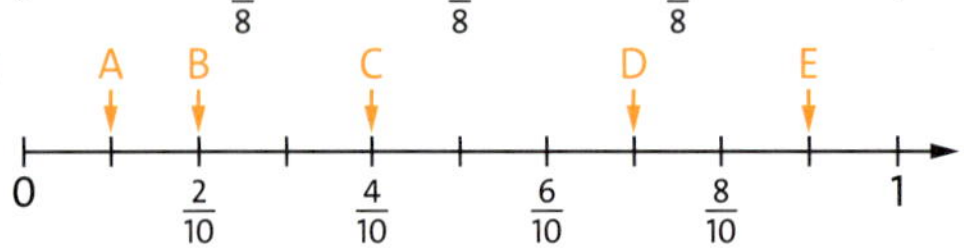

Tipp Welche Brüche sind das?

a)
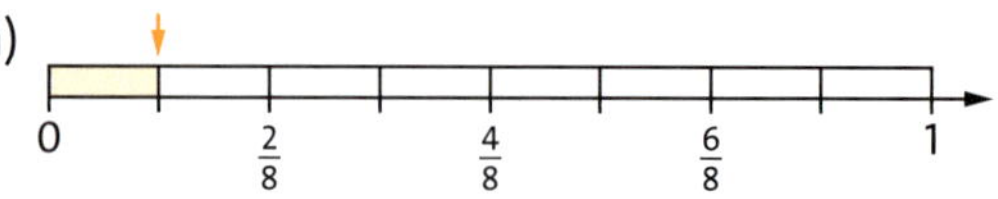

b)
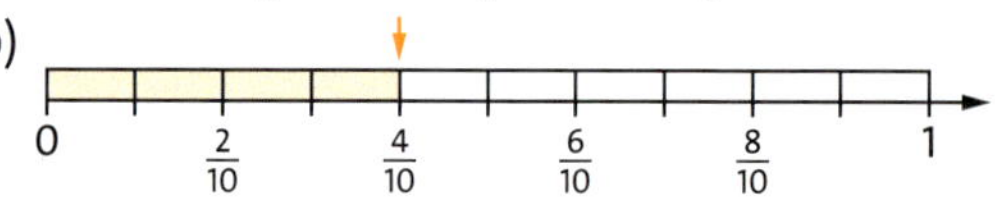

4 Übertrage den Zahlenstrahl ins Heft.
Trage die Brüche ein.

a) $\frac{3}{4}$; $\frac{1}{4}$; $\frac{2}{4}$

b) $\frac{1}{6}$; $\frac{3}{6}$; $\frac{4}{6}$; $\frac{5}{6}$

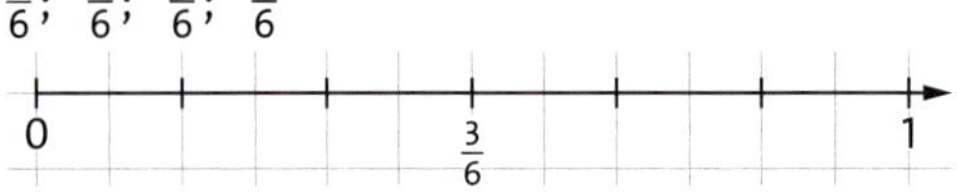

Tipp Achte auf die Kästchen.

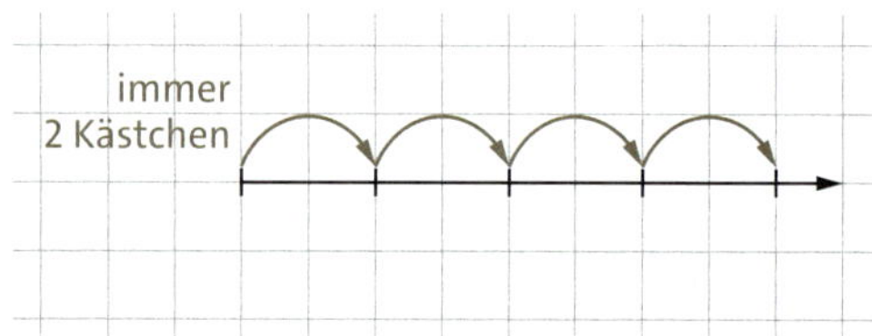

5 Christian hat noch einige Fehler gemacht. Beschreibe die Fehler.
Zeichne den Zahlenstrahl richtig ins Heft.

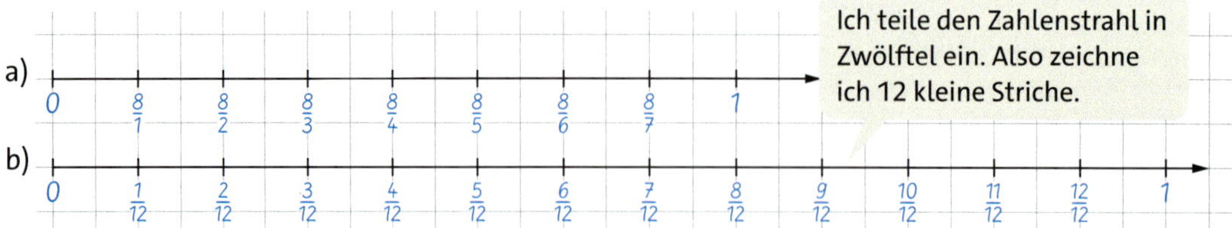

6 Zeichne einen Zahlenstrahl ins Heft.
Er soll 5 cm lang sein.
① Teile den Zahlenstrahl in Fünftel einein: also in 5 gleich große Teile. Beschrifte ihn am Anfang mit 0 und am Ende mit 1.
② Trage die Brüche ein: $\frac{1}{5}$; $\frac{3}{5}$; $\frac{4}{5}$

Tipp Zeichne ein Fünftel am besten zwei Kästchen lang.

Nachgedacht
Till sagt:
„$\frac{1}{4}$ und $\frac{1}{2}$ sind gleichwertig."

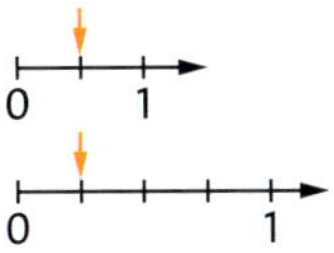

Was sagst du dazu?

7 Welche Brüche sind gleichwertig?

Tipp Schreibe so: $\frac{1}{2} = \frac{2}{4} = \frac{4}{8}$

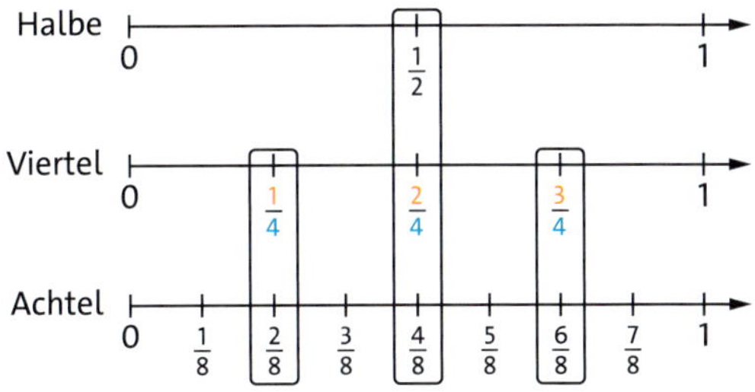

Tipp Gleichwertige Brüche stehen an derselben Stelle.

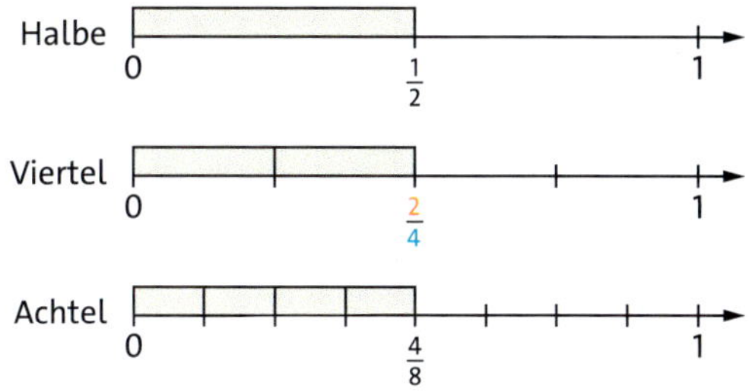

8 Übertrage den Zahlenstrahl ins Heft.

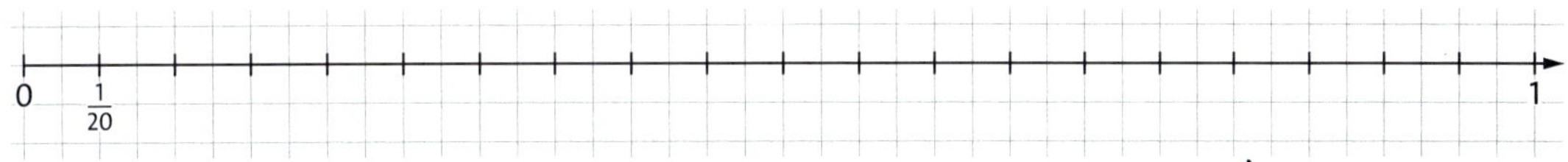

a) Trage die Brüche ein:
b) Welche Brüche sind gleichwertig?

$\frac{4}{20}$ $\frac{8}{20}$ $\frac{12}{20}$ $\frac{13}{20}$ $\frac{15}{20}$ $\frac{2}{10}$ $\frac{6}{10}$ $\frac{8}{10}$ $\frac{1}{5}$ $\frac{2}{5}$ $\frac{5}{5}$

c) Findet noch weitere Brüche, die gleichwertig sind.

9 Zeichne einen Zahlenstrahl ins Heft.
Er soll 12 cm lang sein.
Zeichne für $\frac{1}{12}$ jeweils zwei Kästchen.
① Beschrifte den Zahlenstrahl: am Anfang mit 0 und am Ende mit 1.
② Trage die Brüche ein: $\frac{1}{12}$; $\frac{6}{12}$; $\frac{8}{12}$; $\frac{3}{6}$; $\frac{1}{3}$

Tipp

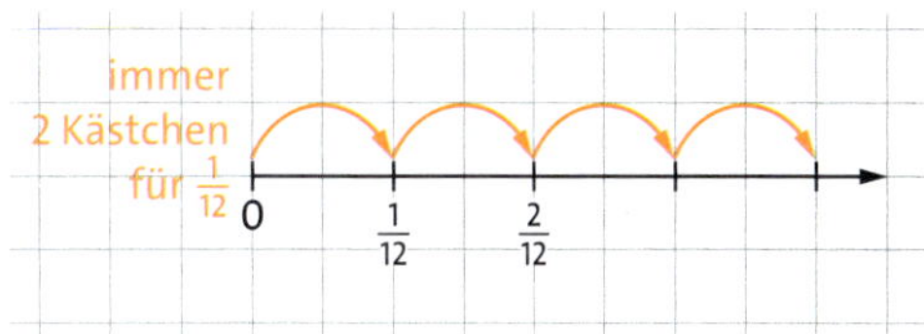

Info Echte und unechte Brüche
Ist der Zähler größer als der Nenner, heißt der Bruch **unechter Bruch**.
Unechte Brüche liegen rechts von 1.
Die Brüche links von 1 heißen **echte Brüche**.

echte Brüche unechte Brüche

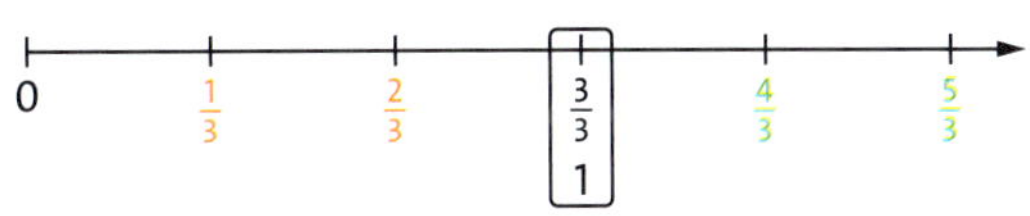

10 Übertrage ins Heft und ergänze die Beschriftung.

a) in Viertel eingeteilt:

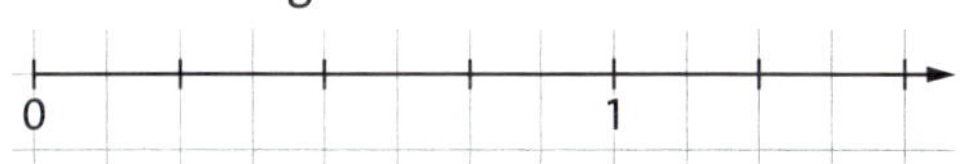

b) in Halbe eingeteilt:

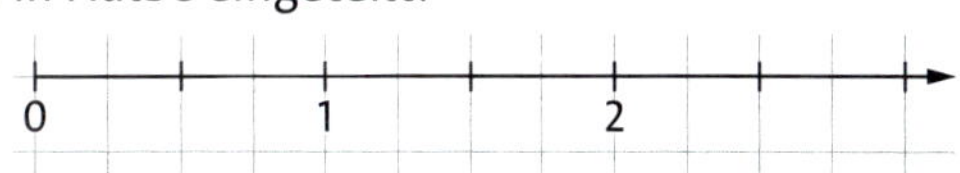

11 Wie ist der Zahlenstrahl eingeteilt?
Auf welche Brüche zeigen die Pfeile?

a)

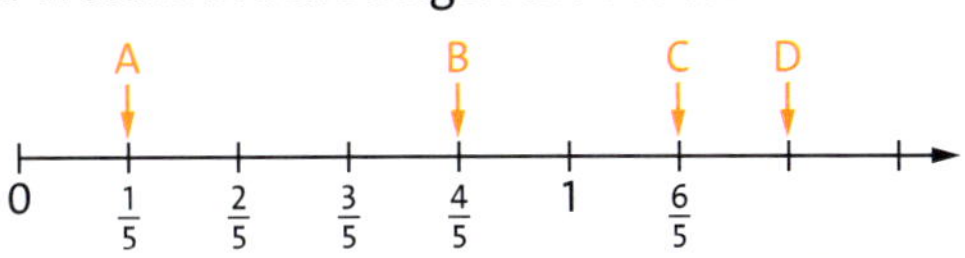

b)

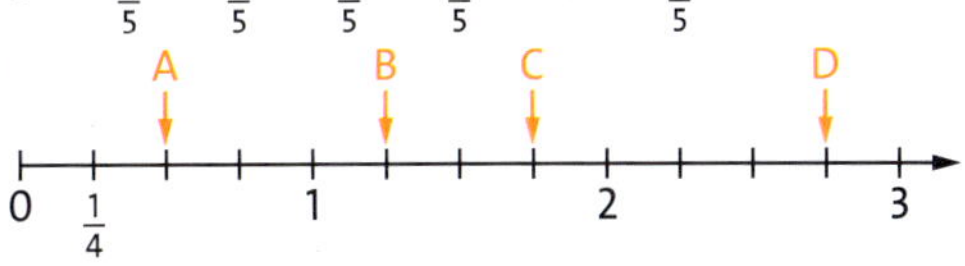

Tipp Die Einteilung kannst du am ersten Bruch des Zahlenstrahl ablesen.

Mit Brüchen addieren und subtrahieren

In diesem Kapitel lernst du, …

→ Brüche mit einem gemeinsamen Nenner zu addieren und zu subtrahieren.
→ Brüche mit unterschiedlichem Nenner zu addieren und zu subtrahieren.

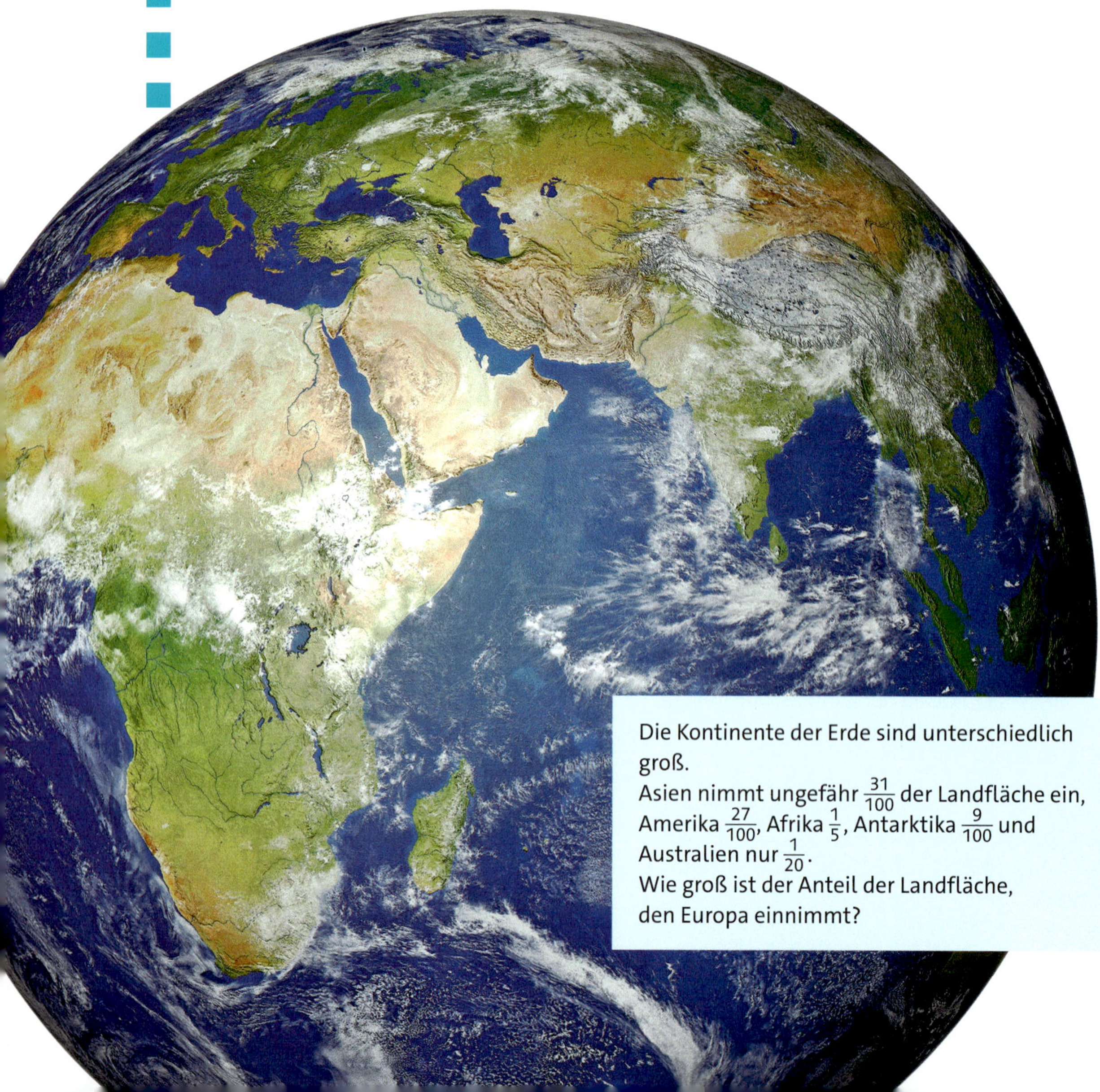

Die Kontinente der Erde sind unterschiedlich groß.
Asien nimmt ungefähr $\frac{31}{100}$ der Landfläche ein, Amerika $\frac{27}{100}$, Afrika $\frac{1}{5}$, Antarktika $\frac{9}{100}$ und Australien nur $\frac{1}{20}$.
Wie groß ist der Anteil der Landfläche, den Europa einnimmt?

ANWENDEN

1 Schreibe die Rechnung ins Heft.

a) b)

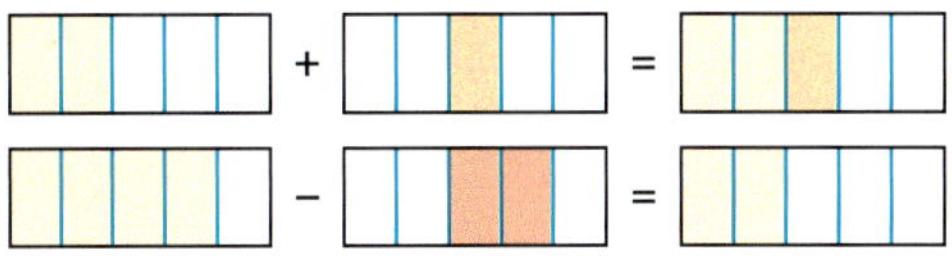

Tipp
Bei a) $\frac{■}{■} + \frac{■}{■} = ■ + \frac{■}{■} = \frac{■}{■}$

bei b) $\frac{■}{■} - \frac{■}{■} = ■ - \frac{■}{■} = \frac{■}{■}$

2 Berechne.

Tipp Zeichne zuerst die Brüche in Rechtecke.

a) $\frac{2}{6} + \frac{3}{6}$ b) $\frac{3}{8} + \frac{4}{8}$

c) $\frac{3}{4} - \frac{2}{4}$ d) $\frac{4}{5} - \frac{1}{5}$

Tipp Die Brüche haben denselben Nenner. Deswegen brauchst du nur die Zähler zu addieren oder zu subtrahieren und den Nenner abzuschreiben.

3 Addiere und schreibe als Ganzes.

Tipp $\frac{4}{4} = 1$

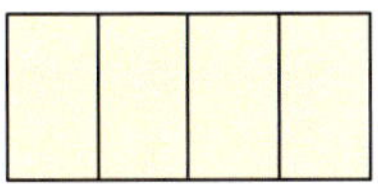

a) $\frac{3}{4} + \frac{1}{4}$

b) $\frac{3}{5} + \frac{2}{5}$

Tipp Bei einem Ganzen sind Zähler und Nenner gleich.

4 Übertrage und ergänze zu einem Ganzen.

$\frac{2}{6} + \frac{■}{■} = \frac{■}{■} = 1$

Tipp Wie viel fehlt noch bei $\frac{2}{6}$ zu einem Ganzen?

5 Addiere und schreibe als gemischte Zahl.

Tipp

a) $\frac{3}{5} + \frac{4}{5}$ b) $\frac{2}{5} + \frac{7}{5}$

c) $\frac{5}{7} + \frac{3}{7}$ d) $\frac{7}{9} + \frac{4}{9}$

Tipp $\frac{3}{4} + \frac{3}{4} = \frac{6}{4} = 1\frac{2}{4}$

Die 4 passt 1-mal in die 6.
Es bleibt 2 als Rest.

Hinweis
Gemischte Zahlen *bestehen aus Ganzen und echten Brüchen:*

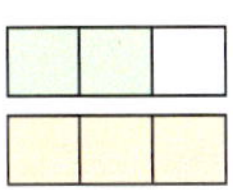

$1\frac{2}{3}$

Methode Mit gemischten Zahlen rechnen

Gemischte Zahlen addieren:
Addiere erst die Ganzen, dann die Brüche:

$3\frac{1}{5} + 1\frac{2}{5} = 3 + 1 + \frac{1+2}{5} = 4\frac{3}{5}$

Gemischte Zahlen subtrahieren:
Rechne zuerst die gemischten Zahlen in unechte Brüche um:

$4\frac{1}{3} - 3\frac{2}{3} = \frac{13}{3} - \frac{11}{3} = \frac{13-11}{3} = \frac{2}{3}$

6 Schreibe die Aufgabe ins Heft und löse sie.

a)

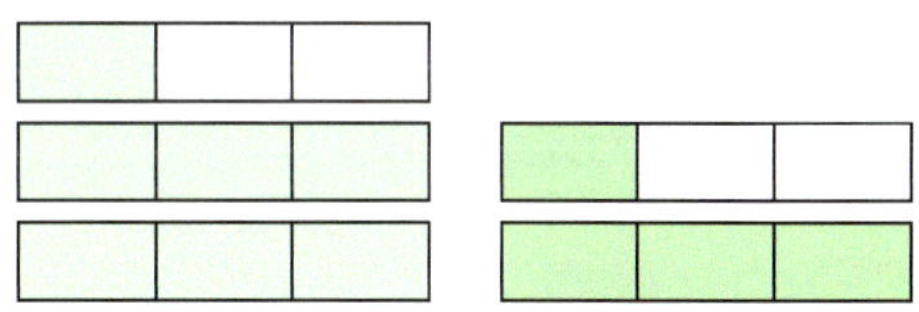

b)

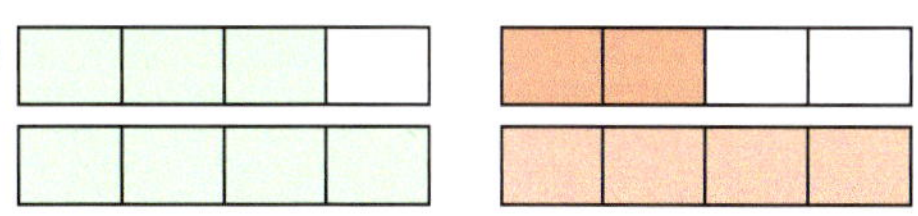

7 Berechne.

a) $2\frac{1}{4} + 1\frac{1}{4}$ b) $4\frac{2}{6} + 5\frac{3}{6}$

c) $3\frac{1}{3} - 1\frac{2}{3}$ d) $2\frac{1}{4} - 1\frac{3}{4}$

Tipp Bei c) und d) erst in unechte Brüche umrechnen:

$1\frac{2}{3} = \frac{5}{3}$

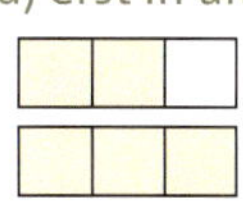

8 Claire schüttet die Farben in einen Eimer zusammen. Wie viel Liter Farbe ist das zusammen?

Tipp Addition oder Subtraktion?

ANWENDEN

1 Schreibe die Rechnung auf und erkläre sie.

a) $\frac{2}{3}$ + $\frac{1}{9}$ =

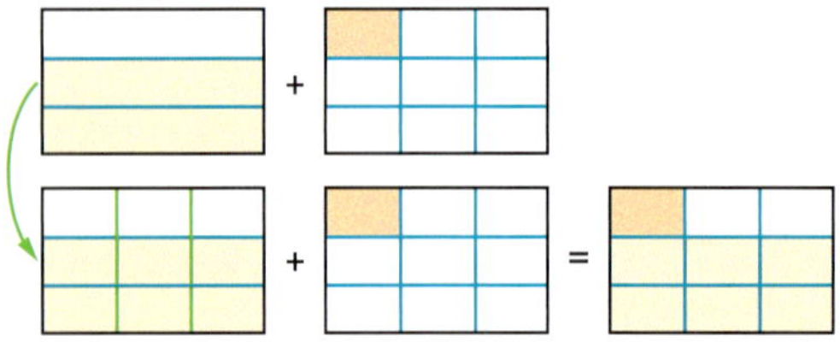

b) $\frac{2}{3}$ – $\frac{1}{6}$ =

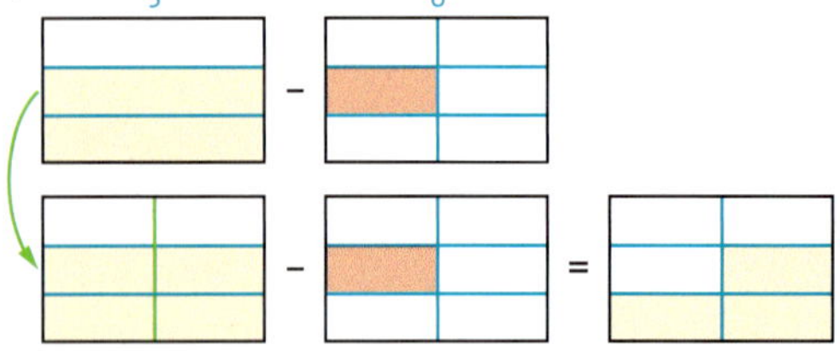

Tipp Die Brüche haben unterschiedliche Nenner. Die Brüche sind also … . Deswegen müssen die Brüche vor dem Addieren oder Subtrahieren zuerst … werden:

① Was ist der gemeinsame Nenner?
② Wie wird auf diesen gemeinsamen Nenner erweitert?
③ Was macht man mit den Zählern und dem gemeinsamen Nenner?

2 Übertrage ins Heft.
Löse die Aufgabe mit einer Zeichnung.
Tipp Erweitere den Bruch mit dem Pfeil.

a) $\frac{1}{4}$ + $\frac{1}{8}$

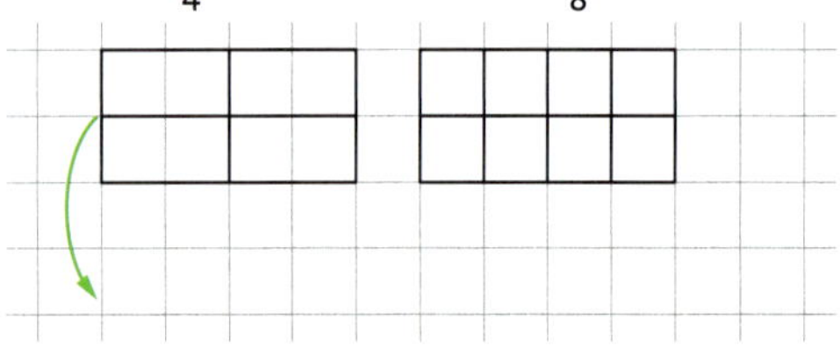

b) $\frac{7}{8}$ – $\frac{3}{4}$

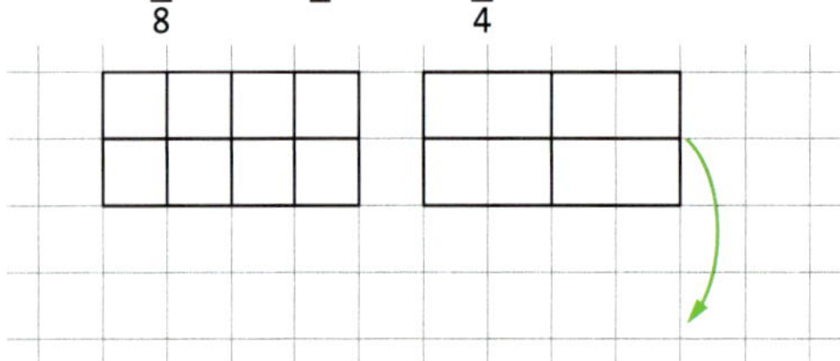

Tipp Mit welcher Zahl muss man Zähler und Nenner multiplizieren, um auf den gemeinsamen Nenner Achtel zu erweitern?

3 Berechne.

Tipp Du musst nur einen Bruch erweitern.

a) $\frac{1}{2}+\frac{1}{4}$ b) $\frac{1}{5}+\frac{7}{10}$ c) $\frac{2}{3}+\frac{1}{12}$

d) $\frac{3}{4}-\frac{1}{2}$ e) $\frac{7}{10}-\frac{2}{5}$ f) $\frac{3}{5}-\frac{2}{15}$

Lösungen: $\frac{3}{10}$; $\frac{7}{15}$; $\frac{3}{4}$; $\frac{9}{10}$; $\frac{3}{4}$; $\frac{1}{4}$

Tipp Wenn du nur einen Bruch erweitern musst, dann erweitere immer den Bruch mit dem kleineren Nenner:

$\frac{3}{5}+\frac{1}{10}=\frac{3\cdot 2}{5\cdot 2}+\frac{1}{10}$

$=\frac{6}{10}+\frac{1}{10}=\frac{6+1}{10}=\frac{7}{10}$

4 Schreibe die Aufgabe ins Heft und löse sie. Erkläre.

a) $\frac{1}{3}$ + $\frac{1}{2}$ =

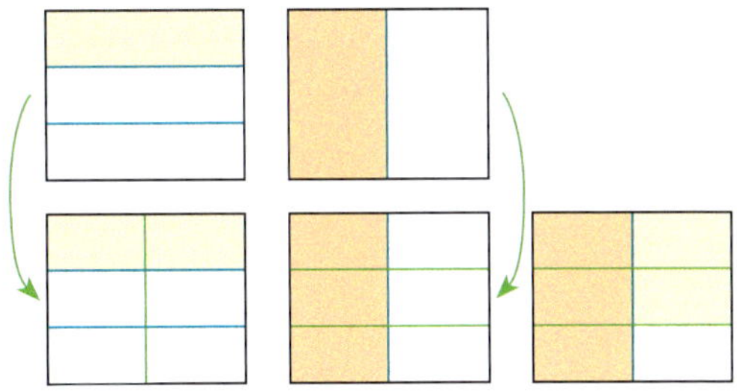

b) $\frac{3}{4}$ − $\frac{1}{3}$ =

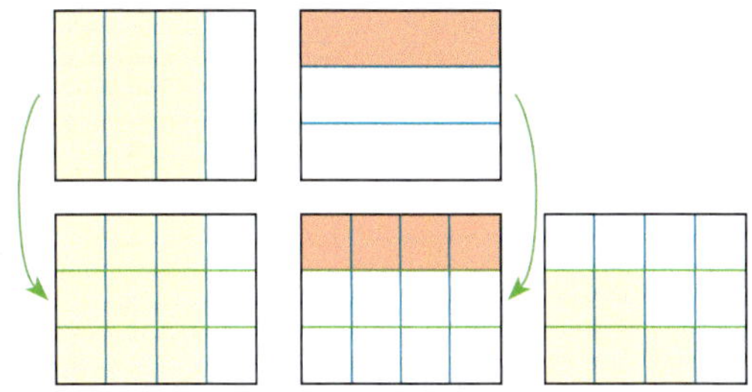

5 Übertrage und ergänze im Heft.
Wie wird hier erweitert?

a) $\frac{1}{5}+\frac{1}{2}=\frac{1\cdot\square}{5\cdot\square}+\frac{1\cdot\square}{2\cdot\square}$

$=\frac{\square}{10}+\frac{\square}{10}=\frac{\square+\square}{10}=\frac{\square}{10}$

b) $\frac{2}{3}-\frac{1}{4}=\frac{2\cdot\square}{3\cdot\square}-\frac{1\cdot\square}{4\cdot\square}$

$=\frac{\square}{12}-\frac{\square}{12}=\frac{\square-\square}{\square}=\frac{\square}{\square}$

Tipp
① Was ist der gemeinsame Nenner?
② Mit welcher Zahl muss man Zähler und Nenner multiplizieren, um auf den gemeinsamen Nenner zu erweitern?

6 Bereche.

Tipp Finde zuerst mit den Vielfachen der Nenner einen gemeinsamen Nenner.

a) $\frac{1}{6}+\frac{1}{8}$ $V_6=\{6; 12; \ldots\}$; $V_8=\{8; 16; \ldots\}$

b) $\frac{1}{6}-\frac{1}{20}$ $V_6=\{6; 12; \ldots\}$; $V_{20}=\{20; 40; \ldots\}$

Tipp zu a)
$V_6=\{6; 12; 18; 24; \ldots\}$
$V_8=\{8; 16; 24; 32; \ldots\}$
Ein gemeinsamer Nenner ist 24.

7 Berechne.

Tipp Du musst beide Brüche erweitern.

a) $\frac{1}{2}+\frac{1}{5}$ b) $\frac{1}{2}+\frac{1}{7}$ c) $\frac{1}{4}+\frac{2}{3}$

d) $\frac{2}{3}-\frac{1}{2}$ e) $\frac{2}{3}-\frac{1}{5}$ f) $\frac{3}{4}-\frac{1}{3}$

Lösungen: $\frac{5}{12}$; $\frac{11}{12}$; $\frac{7}{10}$; $\frac{7}{15}$; $\frac{9}{14}$; $\frac{1}{6}$

Tipp Das sind die gemeinsamen Nenner:

12-tel | 10-tel | 15-tel | 12-tel | 14-tel | 6-tel

8 Hier haben sich Fehler versteckt. Erklärt die Fehler und berichtigt sie im Heft.

a) $\frac{3}{7}-\frac{1}{4}=\frac{2}{3}$

b) $\frac{3}{4}+\frac{1}{2}=\frac{3}{4}+\frac{2}{4}=\frac{5}{8}$

c) $\frac{4}{5}-\frac{1}{3}=\frac{12}{20}-\frac{5}{20}=\frac{6}{20}=\frac{3}{10}$

d) $\frac{5}{9}-\frac{1}{3}=\frac{5}{9}-\frac{1}{9}=\frac{4}{9}$

e) $\frac{3}{8}+\frac{1}{5}=\frac{3}{8}+\frac{3}{15}=\frac{3}{23}$

f) $\frac{4}{7}+\frac{3}{5}=\frac{20}{35}-\frac{12}{35}=\frac{5}{35}$

Hinweis
Der kleinste gemeinsame Nenner heißt ***Hauptnenner***.

9 Erklärt, wie Tanja und Serkan einen gemeinsamen Nenner finden.
Ergänzt Tanjas und Serkans Rechnung im Heft.
Nennt Vorteile und Nachteile der beiden Methoden. Welche Methode findest du besser?

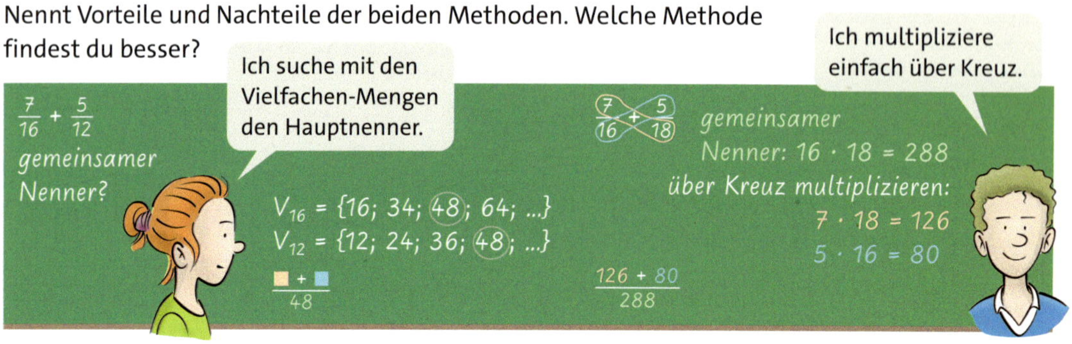

10 Berechne.

a) $\frac{1}{6} + \frac{1}{4}$ b) $\frac{1}{4} + \frac{3}{10}$
c) $\frac{5}{12} + \frac{3}{8}$ d) $\frac{3}{20} + \frac{5}{6}$
e) $\frac{1}{4} - \frac{1}{6}$ f) $\frac{9}{10} - \frac{1}{4}$

Das sind die gemeinsamen Nenner:
12; 20; 20; 24; 24; 60

Tipp Suche einen gemeinsamen Nenner wie Tanja oder Serkan in Aufgabe 9.

11 Der Schulgarten wird umgebaut.
$\frac{1}{3}$ des Gartens wird ein Beet.
$\frac{1}{5}$ wird ein Sitzplatz.

a) Welchen Anteil des Gartens nehmen das Beet und der Sitzplatz zusammen ein?
b) Der restliche Anteil soll Spielplatz werden. Welcher Anteil wird Spielplatz?

Tipp $\frac{1}{3}$ Beet $\frac{1}{5}$ Sitzplatz

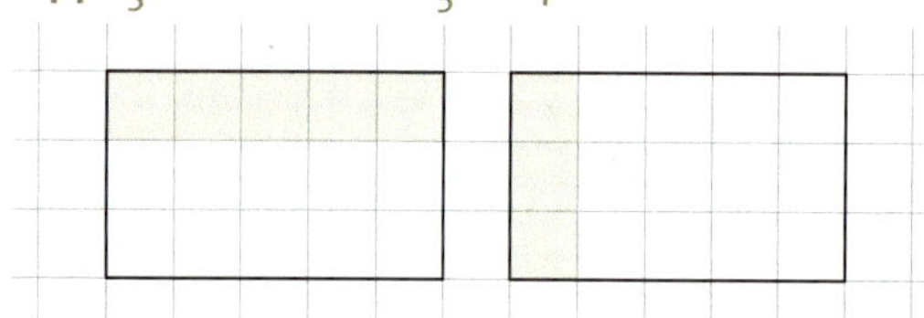

12 Wie viel Orangensaft ist das zusammen?

Tipp Schreibe ins Heft.
gegeben: ...
gesucht: ...
Rechnung: ...
Antwortsatz: ...
Vergiss die Einheit Liter nicht.

Methode Mit gemischten Zahlen rechnen

Gemischte Zahlen addieren:
Addiere erst die Ganzen, dann die Brüche:

$2\frac{1}{4} + 5\frac{2}{3} = 2 + 5 + \frac{1}{4} + \frac{2}{3}$
$= 7 + \frac{3 + 8}{12} = 7\frac{11}{12}$

Gemischte Zahlen subtrahieren:
Rechne zuerst die gemischten Zahlen in unechte Brüche um:

$4\frac{1}{3} - 1\frac{2}{5} = \frac{13}{3} - \frac{7}{5}$
$= \frac{65 - 21}{15} = \frac{44}{15}$

13 Addiere die gemischten Zahlen.

a) $1\frac{1}{5} + 3\frac{3}{10}$ b) $4\frac{4}{9} + 2\frac{1}{3}$
c) $8\frac{3}{4} + 13\frac{2}{6}$ d) $17\frac{3}{8} + 5\frac{1}{6}$
e) $12\frac{3}{4} + 6\frac{2}{3}$ f) $27\frac{3}{5} + 14\frac{4}{9}$

14 Subtrahiere die gemischten Zahlen.

a) $3\frac{1}{3} - 1\frac{1}{6}$ b) $2\frac{1}{4} - 1\frac{3}{12}$
c) $2\frac{3}{4} - 1\frac{7}{10}$ d) $5\frac{1}{2} - 1\frac{2}{9}$
e) $3\frac{3}{8} - 1\frac{5}{12}$ f) $3\frac{4}{5} - 2\frac{2}{3}$

Körper

In diesem Kapitel lernst du, ...

→ Quader und Würfel zu beschreiben.
→ Quader und Würfel zu zeichnen.
→ den Oberflächeninhalt von Quader und Würfel zu berechnen.
→ die Größe von Körpern zu vergleichen.
→ Volumeneinheiten umzurechnen.
→ das Volumen von Quader und Würfel zu berechnen.

Der Zauberwürfel soll so gedreht werden, dass jede Seitenfläche die gleiche Farbe hat.
Wie viele unterschiedliche Farben gibt es?
Wie viele Seiten hat der Zauberwürfel?
Wie viele der kleinen Bausteine haben eine, zwei oder drei bunte Flächen? Wie viele sind es insgesamt?

ANWENDEN

1 Welche der Verpackungen sind Quader, welche sind Würfel? Begründe.

2 Welche Körper sind Quader, welche Würfel? Begründe.

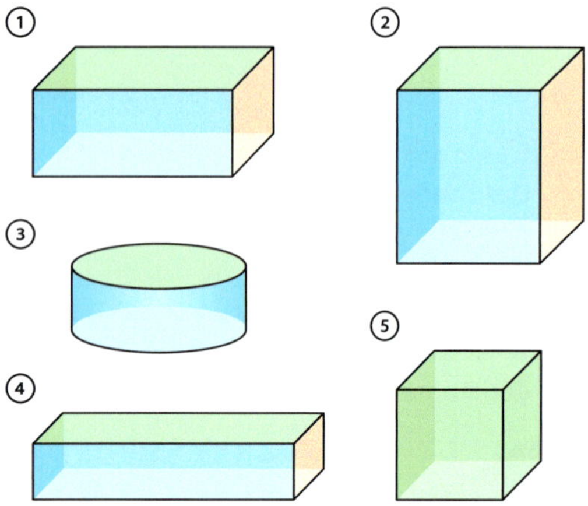

Tipp Gleiche Flächen haben jeweils die gleiche Farbe.

3 Beschreibe die Lage der Fläche.
Tipp oben vorne rechts
a) Wo liegt die blaue Fläche?
b) Wo liegt die orange Fläche?
c) Wo liegt die grüne Fläche?

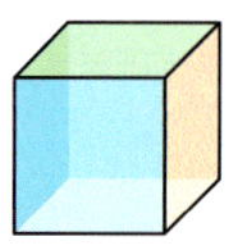

Tipp

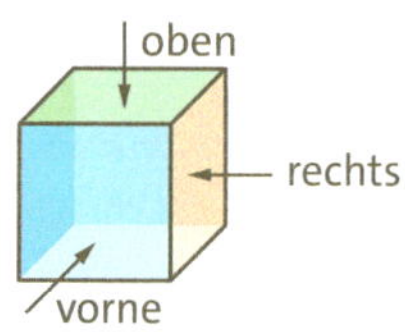

4 Welche Aussage ist richtig, welche falsch?
a) ① Ein Würfel hat 6 gleich große Flächen.
② Ein Würfel hat 8 gleich große Flächen.
b) ① Beim Quader sind alle Flächen gleich groß.
② Beim Quader sind gegenüberliegende Flächen gleich groß.
c) ① Ein Würfel ist ein besonderer Quader.
② Ein Quader ist ein besonderer Würfel.

Tipp Prüfe die Eigenschaften des Quaders und Würfels.

5 Wie viele Würfel muss man ergänzen, um daraus einen großen Würfel zu bauen?

a)

b)

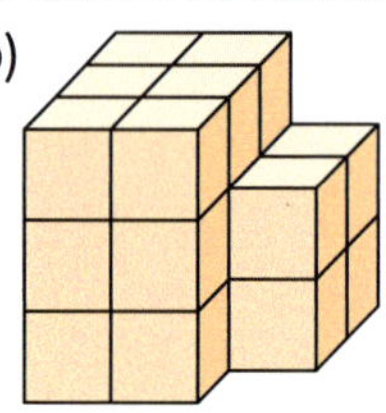

Tipp Das sind die großen Würfel:

a)

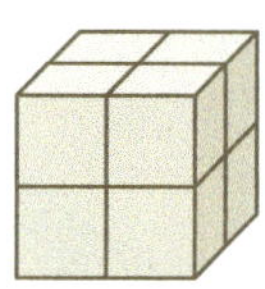

b)

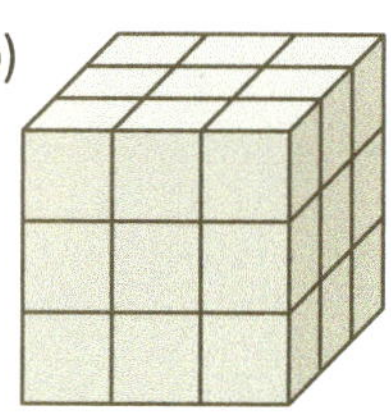

Methode Schrägbilder zeichnen

Damit man sich einen Körper besser vorstellen kann, zeichnet man oft ein **Schrägbild** des Körpers.

Am Schrägbild kann man gut sehen, wie lang, breit und hoch ein Körper ist.

So zeichnest du das **Schrägbild eines Würfels** mit der Kantenlänge a = 3 cm.

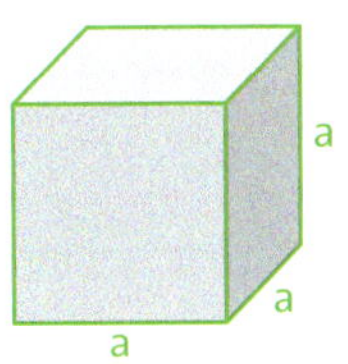

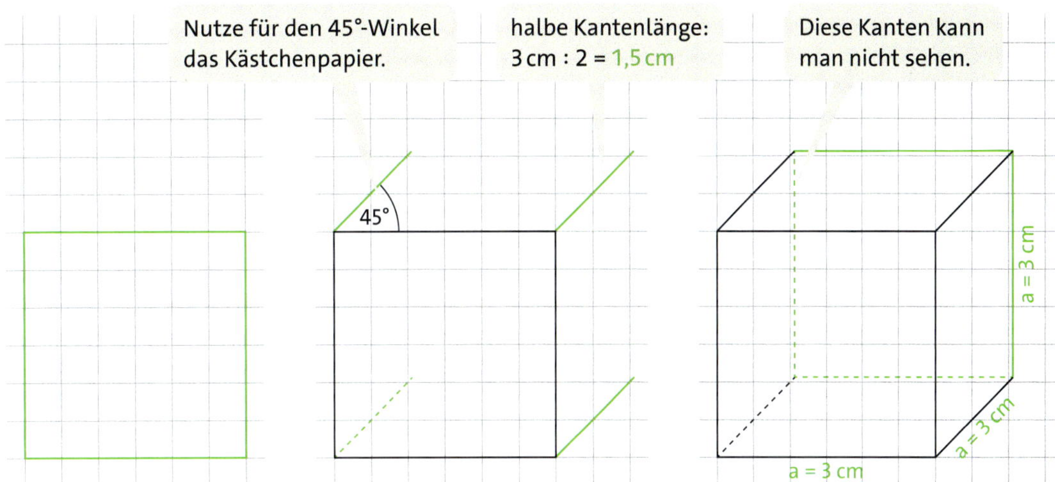

① Vorderfläche zeichnen: Quadrat mit der Seitenlänge a = 3 cm

② nach hinten verlaufende Kanten zeichnen: im 45°-Winkel und mit halber Kantenlänge

③ Endpunkte verbinden: Nicht sichtbare Kanten zeichnet man gestrichelt. Würfel beschriften

So zeichnest du **das Schrägbild eines Quaders** mit der Länge a = 2 cm, der Breite b = 4 cm und der Höhe c = 3 cm.

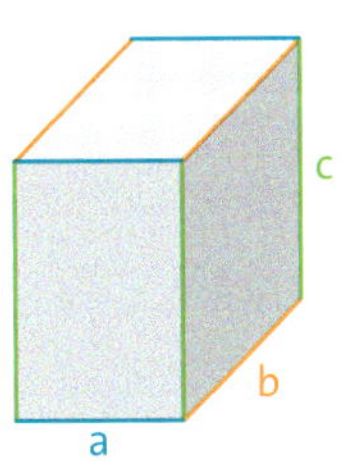

die Länge:
2 cm lang
die Breite:
4 cm breit
die Höhe:
3 cm hoch

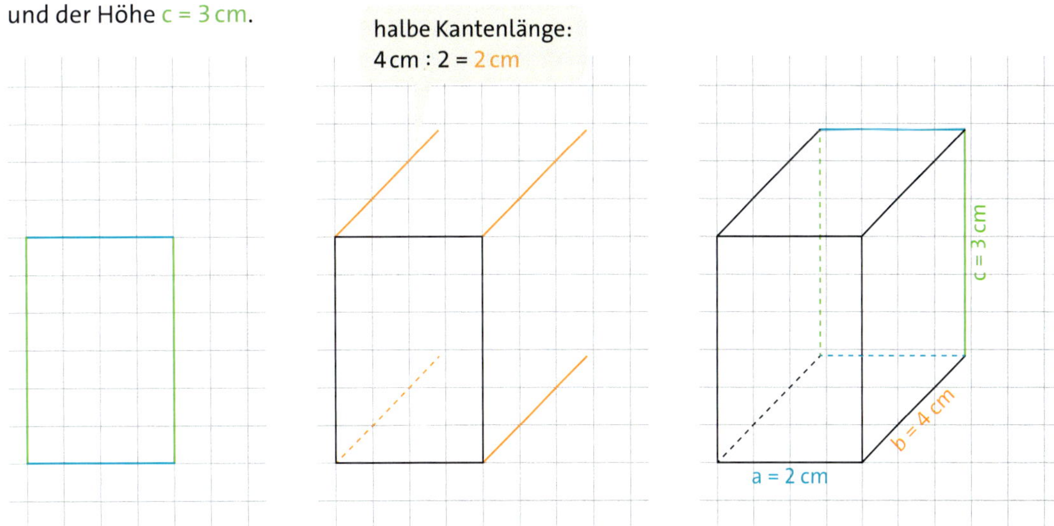

① Vorderfläche zeichnen: Rechteck mit der Länge a = 2 cm und der Höhe c = 3 cm

② nach hinten verlaufende Kanten zeichnen: im 45°-Winkel und mit halber Kantenlänge

③ Endpunkte verbinden: Nicht sichtbare Kanten zeichnet man gestrichelt. Würfel beschriften

ANWENDEN

1 Was wurde hier falsch gemacht? Beschreibe die Fehler.

a) Schrägbild eines Würfels

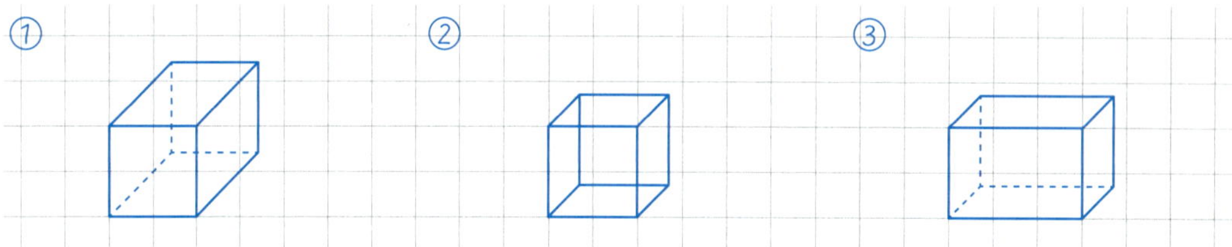

b) Schrägbild eines Quaders

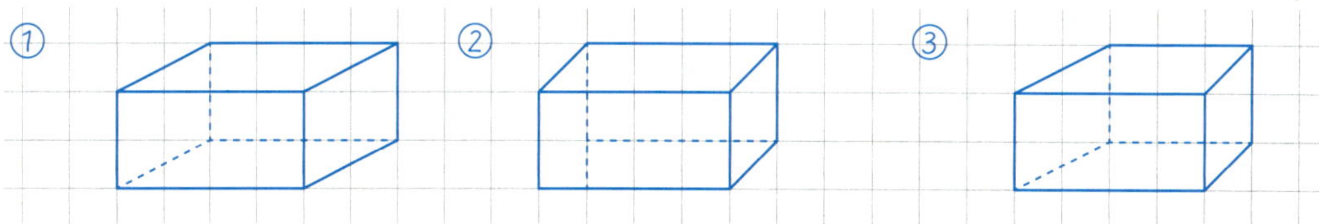

2 Übertrage ins Heft. Ergänze zum Quader.

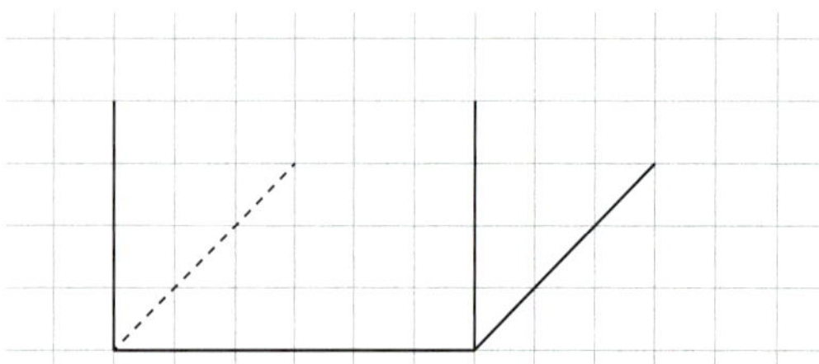

Tipp So sieht das Schrägbild eines Quaders aus:

3 Zeichne das Schrägbild der Würfel.

Tipp Zeichne nach hinten verlaufende Kanten mit halber Kantenlänge: zu a) 4 cm : 2 = 2 cm

a) a = 4 cm   b) a = 8 cm

Tipp ① Vorderfläche zeichnen
② nach hinten verlaufende Kanten zeichnen
③ Endpunkte verbinden und Würfel beschriften

4 Zeichne das Schrägbild der Quader.

Tipp Zeichne nach hinten verlaufende Kanten mit halbe Kantenlänge.

a) a = 6 cm; b = 4 cm; c = 3 cm
b) a = 4 cm; b = 6 cm; c = 2 cm
c) Länge: 2 cm; Breite: 4 cm; Höhe: 5 cm

Tipp

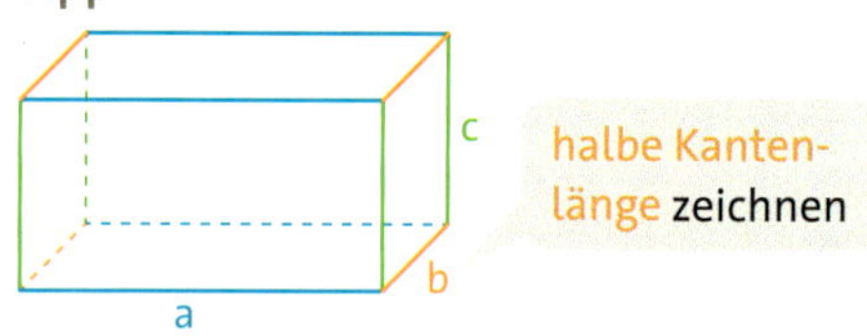

5 Zeichne das Schrägbild eines Würfels mit a = 3 cm ins Heft.
Zeichne den Weg der Raupe ein.
Die Raupe kriecht
- von A nach hinten
- dann nach oben,
- nach vorne und
- nach rechts.

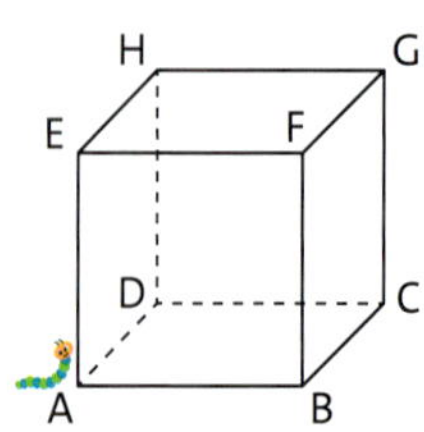

a) Wo kommt sie an?
b) Zeichne einen kürzeren Weg zum gleichen Ziel ein.

Tipp Folge mit dem Finger dem Weg.

ANWENDEN

Hinweis
Du kannst die Netze immer überprüfen: Zeichne sie ab, schneide sie aus und falte sie.

1 Übertrage das Würfelnetz.
Male gegenüberliegende Flächen mit der gleichen Farbe an.

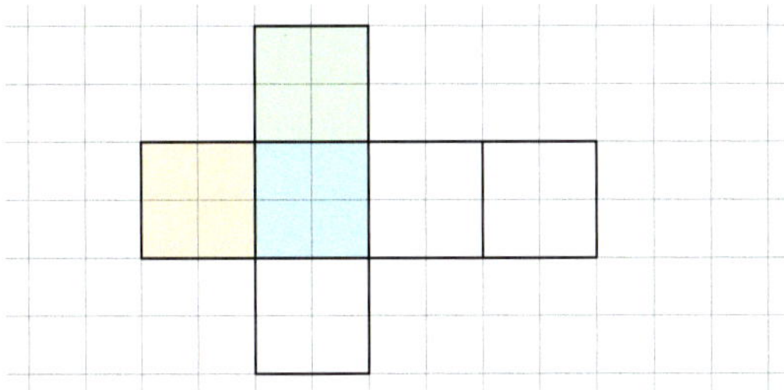

Tipp Falte das Würfelnetz vor dem Färben zusammen.
Nun kannst du einfacher erkennen, welche Flächen sich gegenüberliegen.

2 Gehört das Netz zu einem Würfel? Begründe.
Welche Flächen liegen sich bei den Würfelnetzen gegenüber?

a)
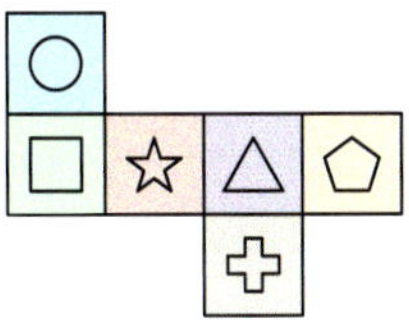

b)
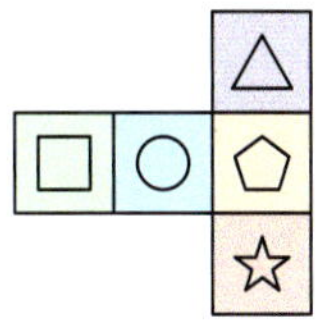

c)
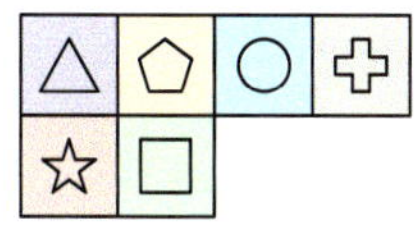

d)
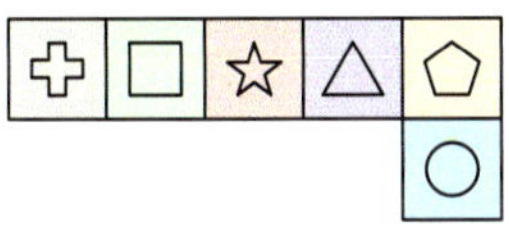

e)
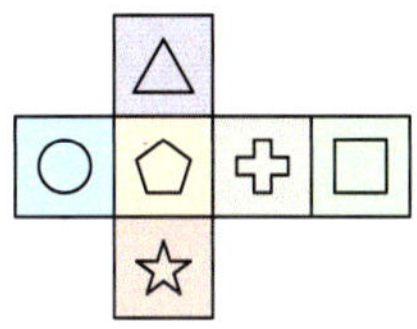

f)
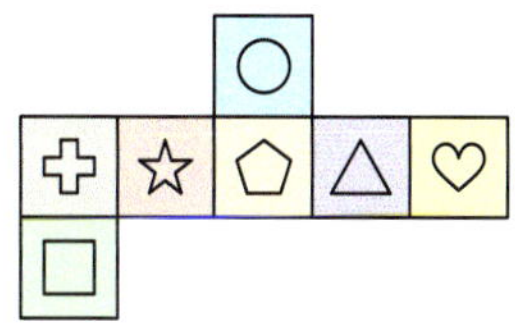

3 Ergänze im Heft zu einem Würfelnetz.
Tipp Wie viele Quadrate fehlen noch?

a)
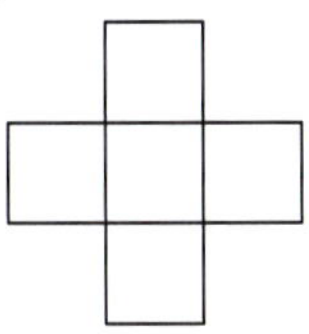

b)
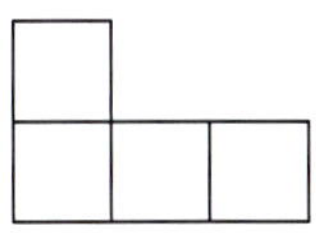

Tipp Das Netz eines Würfels besteht aus sechs Quadraten.

4 Gehört das Netz zu einem Quader?
Begründe.

①
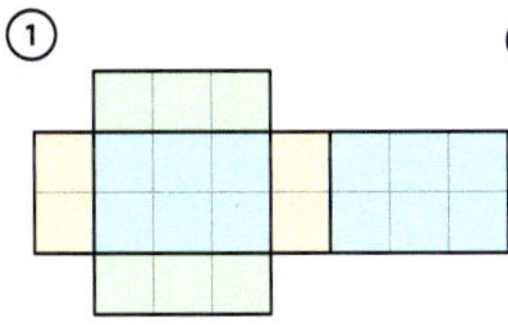

③
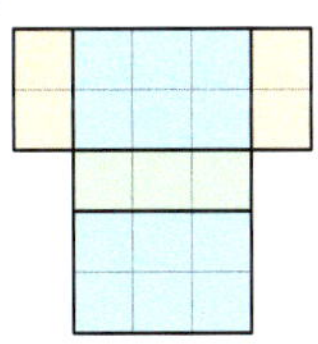

②
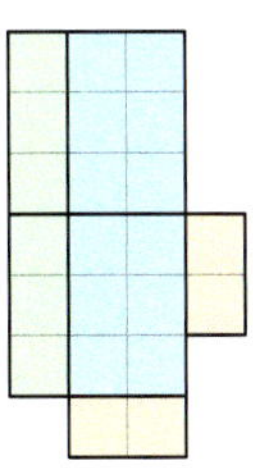

Tipp Zeichne das Netz ins Heft.
Schneide es aus und falte es zusammen.
Entsteht dabei ein Quader?

5 Ergänze im Heft zu einem Quadernetz.

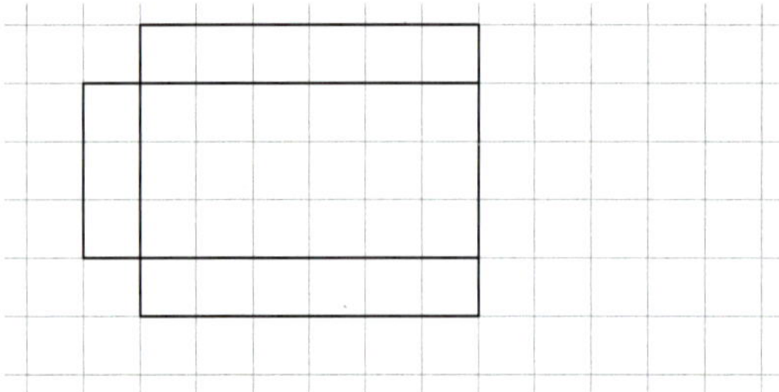

Tipp Welche Fläche kommt schon doppelt vor? Welche Flächen fehlen noch?

6 Zeichne das Netz ins Heft.
a) Würfel: a = 3 cm
b) Quader: a = 4 cm; b = 3 cm; c = 1 cm
Vergleiche mit deinem Partner.

Tipp Quadernetz je zwei Rechtecke:

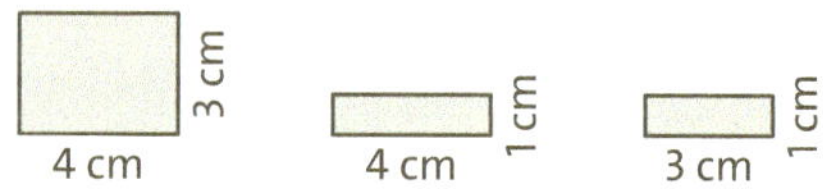

Hinweis
Beim Spielwürfel ergibt die Augensumme der gegenüber liegenden Seiten immer 7.

7 Übertrage die Netze ins Heft und ergänze die Augenzahlen.

a)

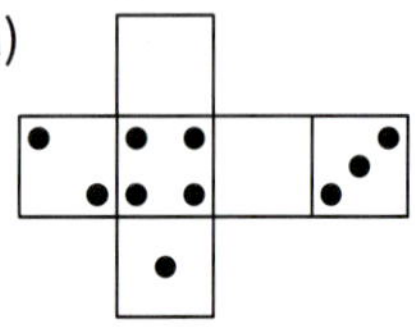

b)

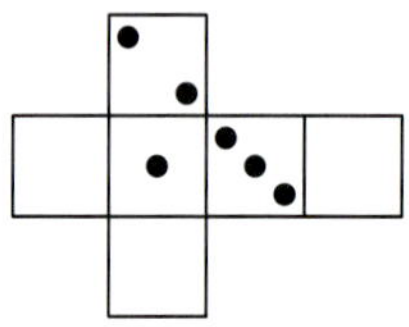

Tipp Gegenüberliegende Flächen ergeben zusammen immer 7.

8 Der Spielwürfel wird gerollt:
zuerst 2-mal nach hinten,
dann 1-mal nach links.
Wo liegt jetzt die ⚀?

Tipp Probiere es aus.

9 Ordne die Quader den passenden Netzen zu.
Ein Quader bleibt übrig. Zeichne zu dem Quader ein passendes Netz.

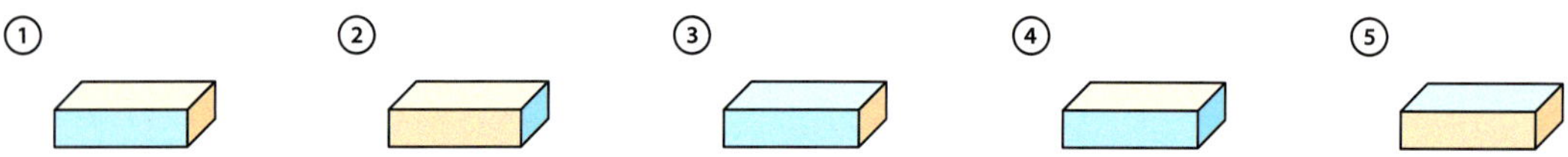

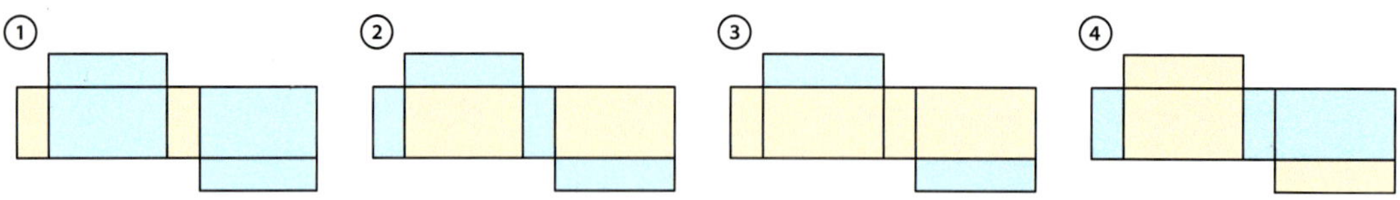

10 Der abgebildete Würfel hat rundherum einen farbigen Streifen.
Zeichne das Würfelnetz ins Heft.
Zeichne den Streifen in deinem Netz ein.

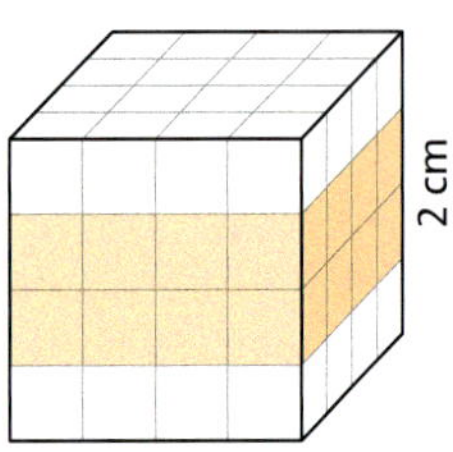

Tipp Zeichne das Netz auf ein Blatt Papier und falte es zu einem Würfel zusammen. Überlege dann, wo der Streifen verläuft.

ANWENDEN

1 Berechne den Oberflächeninhalt.

a) Quader

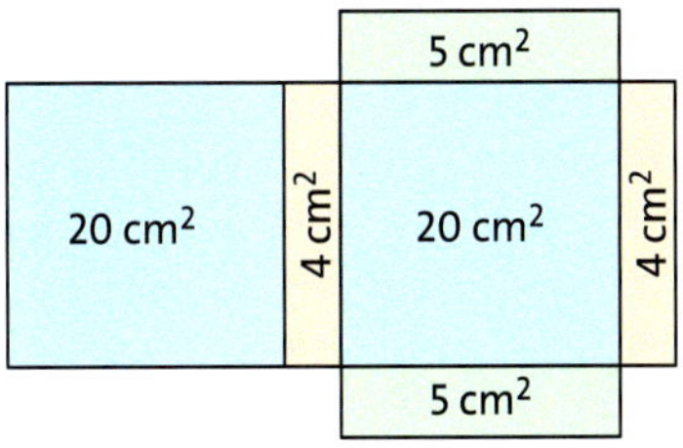

b) Würfel

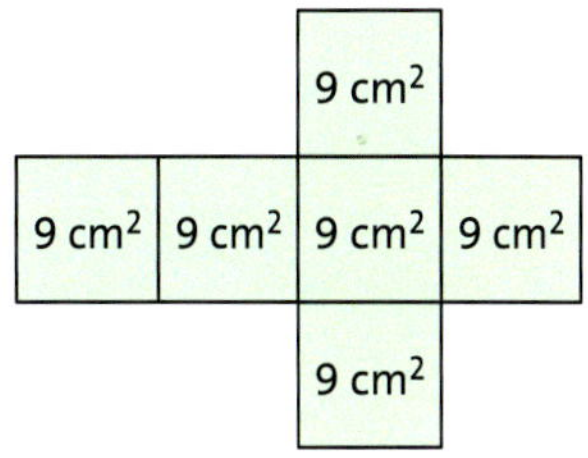

2 Berechne den Oberflächeninhalt des Quaders.

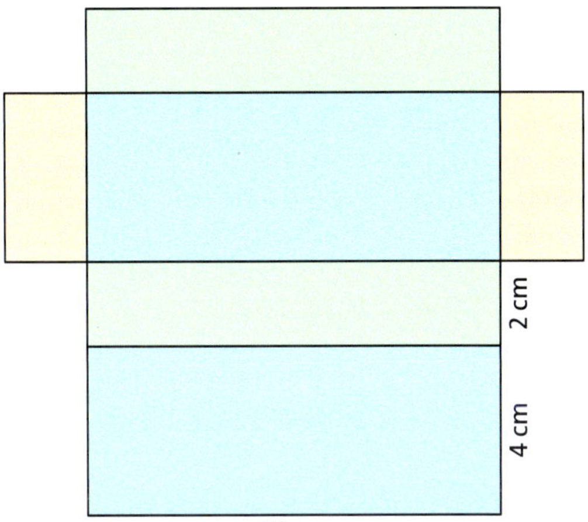

Tipp Das Netz besteht aus 6 Rechtecken:

2-mal das grüne Rechteck

2-mal das blaue Rechteck

2-mal das orangene Rechteck

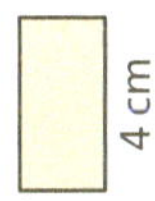

3 Berechne den Oberflächeninhalt des Würfels.

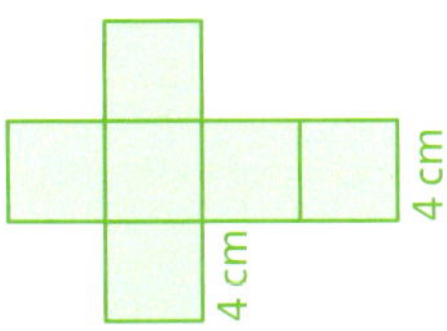

Tipp Das Netz besteht aus 6 gleich großen Quadraten:

4 Berechne den Oberflächeninhalt.

Tipp Zeichne zuerst eine Skizze des Netzes.

a)

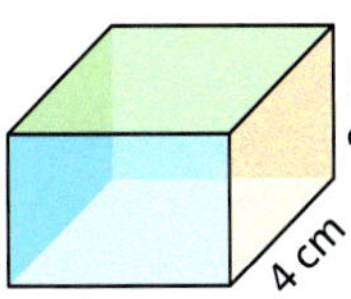

b)

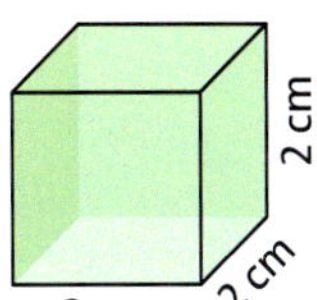

c)

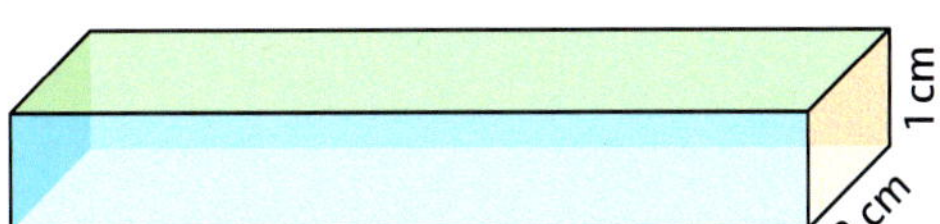

Tipp

O = 2 · ▒ cm · ▒ cm +
2 · ▒ cm · ▒ cm +
2 · ▒ cm · ▒ cm

5 Berechne den Oberflächeninhalt des Würfels.
a) $a = 1\,cm$
b) $a = 10\,cm$
c) $a = 100\,cm$

Tipp Setze die Kantenlängen in die Formel ein: $O = 6 \cdot a \cdot a$

6 Berechne den Oberflächeninhalt des Quaders.

	Länge a	Breite b	Höhe c
a)	$a = 1\,cm$	$b = 3\,cm$	$c = 4\,cm$
b)	$a = 2\,cm$	$b = 5\,cm$	$c = 4\,cm$
c)	$a = 2\,cm$	$b = 3\,cm$	$c = 7\,cm$

Tipp Setze die Kantenlängen in die Formel ein: $O = 2 \cdot a \cdot b + 2 \cdot a \cdot c + 2 \cdot b \cdot c$

7 Lisa beklebt Schachteln mit Geschenkpapier.
Wie viel cm^2 Papier braucht sie dafür?
a) würfelförmige Schachtel mit $a = 4\,cm$
b) quaderförmige Schachtel mit $a = 10\,cm$, $b = 10\,cm$, $c = 3\,cm$

Tipp gegeben:
gesucht:
Formel:
Rechnung:
Antwortsatz:

8 Ole berechnet den Oberflächeninhalt eines Quaders mit $a = 4\,cm$, $b = 5\,cm$ und $c = 7\,cm$ anders:
$O = 2 \cdot (4\,cm \cdot 5\,cm + 4\,cm \cdot 7\,cm + 5\,cm \cdot 7\,cm)$
a) Kann Ole so rechnen? Überprüfe und erkläre die Rechnung.
b) Vergleiche mit deinem Rechenweg. Welchen findest du einfacher? Begründe.

Ich multipliziere am Schluss alles mit 2.

9 Tom baut ein Aquarium für seine Fische.
Die vier Seitenflächen sind aus Glas.
Berechne, wie viel cm^2 Glas er dafür braucht.

Tipp Du musst nur 4 Flächen berechnen.

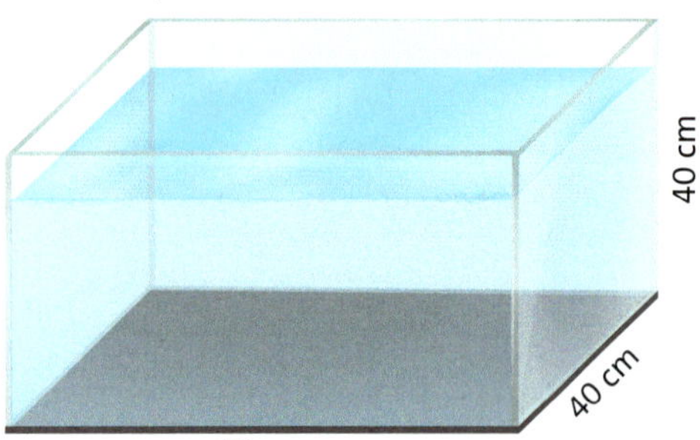

10 Berechne den Oberflächeninhalt.
Die Kante eines kleinen Würfels ist 1 cm lang.

Tipp Bestimme zuerst die Kantenlängen des gesamten Würfels bzw. Quaders.

a)

b)
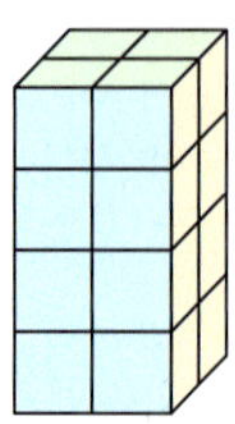

ANWENDEN

1 Baut verschiedene Körper.
a) aus 4 Würfeln b) aus 6 Würfeln
c) aus 8 Würfeln d) aus 16 Würfeln
Vergleicht eure Würfelbauten.

2 Aus wie vielen Würfeln besteht der Körper?

a) 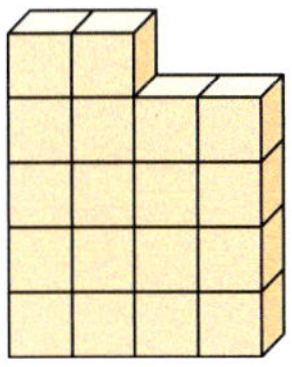 b) 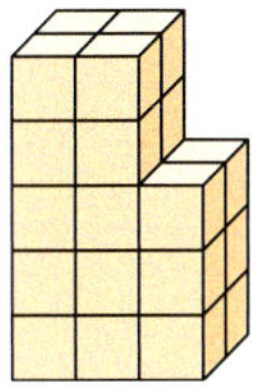

Tipp Zerlege die Körper, sodass du einfach zählen kannst.

a) 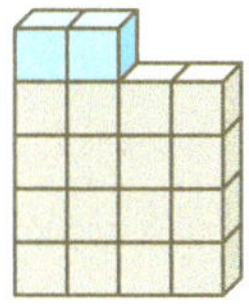 b) 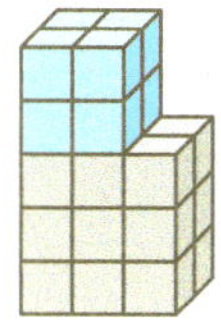

3 Welche Körper haben den gleichen Rauminhalt? Begründe.

① 

② 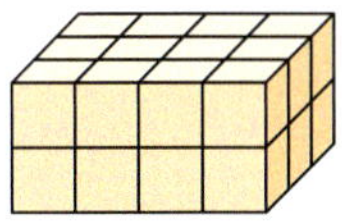

③ 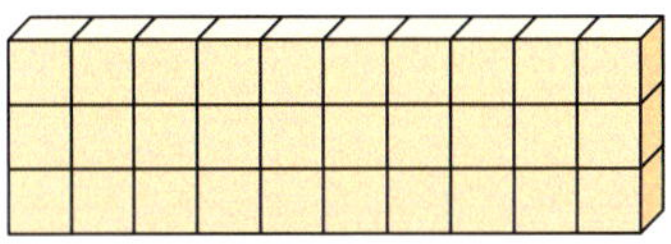

Tipp Zerlege in gleich große Teilkörper, dann brauchst du nicht rechnen.

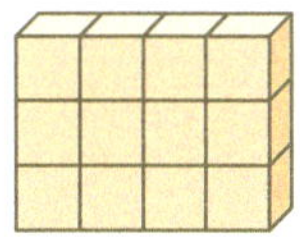

4 In welche Kiste passt mehr hinein? Begründe.

① 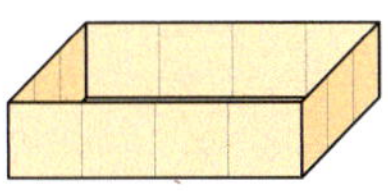

② 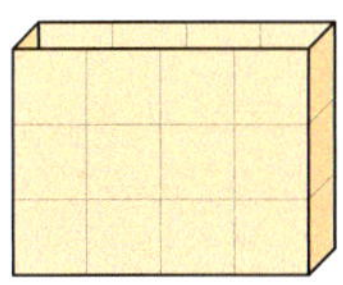

Tipp Wie viele kleine Würfel passen in die Kisten?

5 Aus wie vielen Würfeln besteht der Körper? Wie viele kleine Würfel passen noch den großen blauen Würfel?
Tipp Je ein Würfel ist verdeckt.

a) 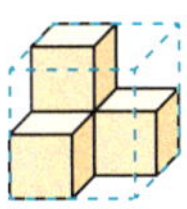 b) 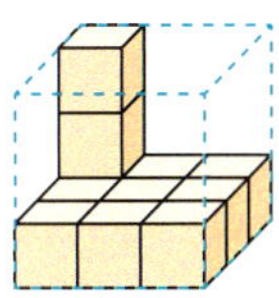

Tipp So sehen die großen blauen Würfel aus:

a) 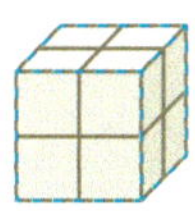 b) 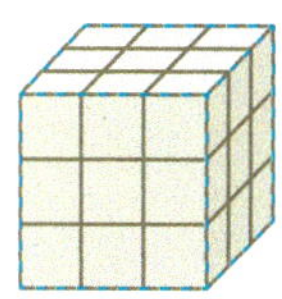

6 Tim sagt: „Ich kann aus genau 12 kleinen Würfeln einen Quader bauen."
Stimmt das? Begründe.

Tipp Mache eine Skizze.
Oder probiere es mit 12 Spielwürfel aus.

ANWENDEN

1 Mit welcher Einheit würde man das Volumen angeben? cm³ m³ dm³ mm³

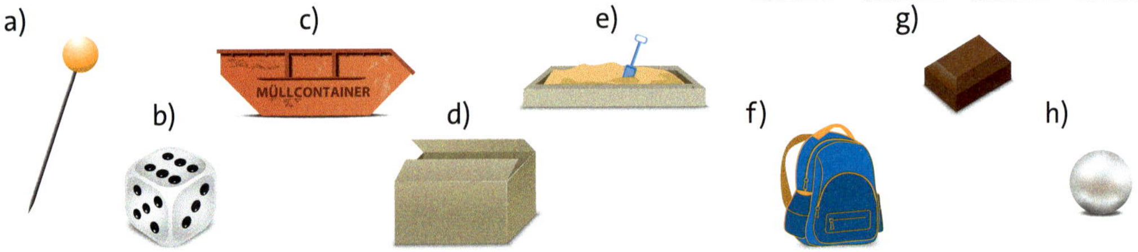

2 Rechne um.
a) in die nächstkleinere Einheit:
① 2 cm³ = ■ mm³
② 51 dm³ = ■ cm³
b) in die nächstgrößere Einheit:
① 3000 mm³ = ■ cm³
② 70 000 dm³ = ■ m³

Tipp
nächstkleinere Einheit: 3 Nullen ergänzen
nächstgrößere Einheit: 3 Nullen streichen

Hinweis
Wie viel m³ sind in einem Würfel mit 1 km Kantenlänge enthalten?

3 Rechne in die angegebene Einheit um. Musst du multiplizieren oder dividieren?
a) 8 cm³ = ■ mm³
b) 3000 mm³ = ■ cm³
c) 90 000 dm³ = ■ m³
d) 32 dm³ = ■ cm³

Tipp

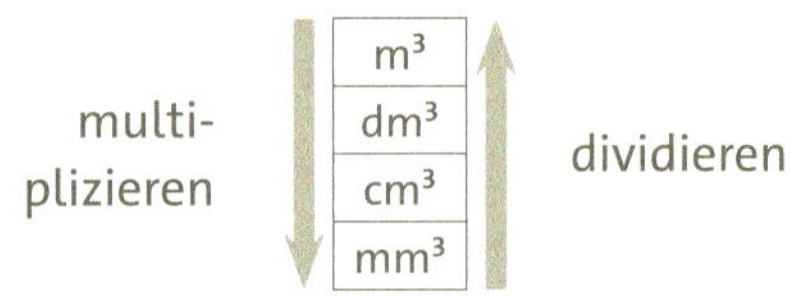

4 Berechne schrittweise.

	cm³	dm³	m³
a)	3 000 000	3000	
b)	6 000 000		
c)			24
d)			90

Tipp schrittweise berechnen:

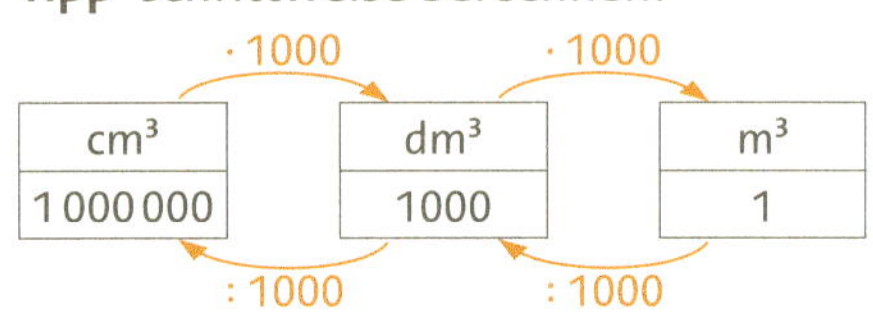

5 Kerstin sagt:
„Mein Zimmer ist 2000 dm³ groß."
Kann das sein? Begründe.

Tipp Welche Einheit ist für die Größe eines Zimmers sinnvoll?

Methode Einheiten für Flüssigkeiten
Oft gibt man das Volumen für Flüssigkeiten in **Litern** oder **Millilitern** an.
1 ℓ = 1 dm³
1 mℓ = 1 cm³
1 ℓ = 1000 mℓ

6 Gib das Volumen in dm³ an.

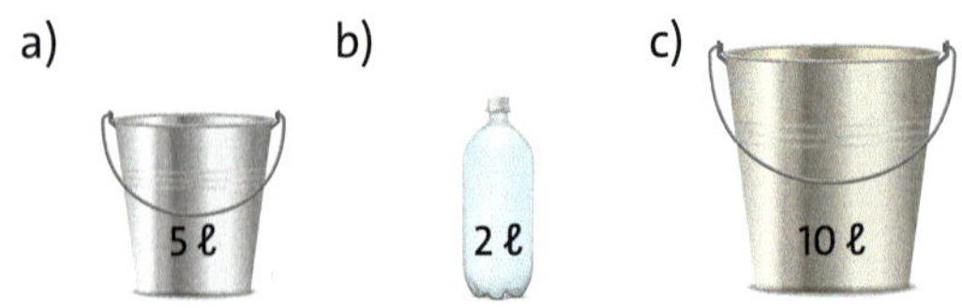

7 Rechne in die angegebene Einheit um.
a) 2 mℓ = ■ cm³
b) 10 mℓ = ■ cm³
c) 3 ℓ = ■ dm³
d) ■ ℓ = 7 dm³

Tipp Liter und Milliliter sind nur andere Bezeichnungen für dm³ und cm³:
– 1 ℓ ist genau so viel wie 1 dm³
– 1 mℓ ist genau so viel wie 1 cm³

ANWENDEN

1 Aus wie vielen kleinen Würfeln besteht der Quader?
Schreibe dazu eine Multiplikation.
Tipp Anzahl der Würfel nebeneinander, hintereinander, übereinander

a)

b)
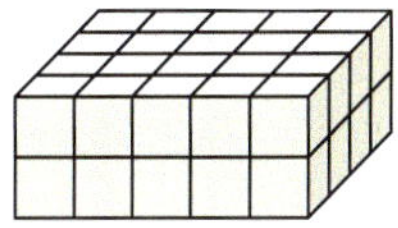
c)
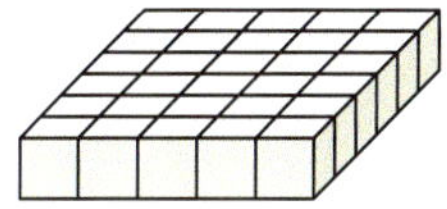
d)
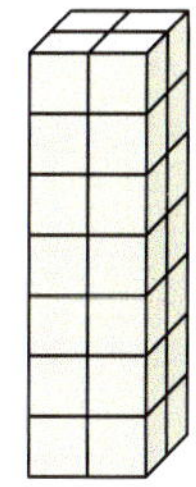
e)

f)
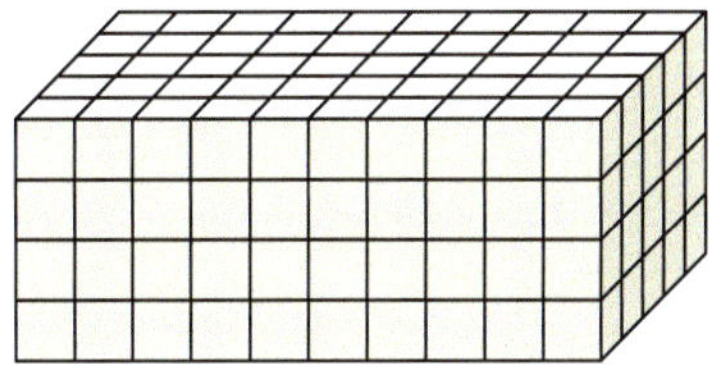

2 Berechne das Volumen in m^3.
Ein kleiner Würfel ist $1\ m^3$ groß.
Tipp Zähle die Würfel in der Länge, in der Breite und in der Höhe.

a)
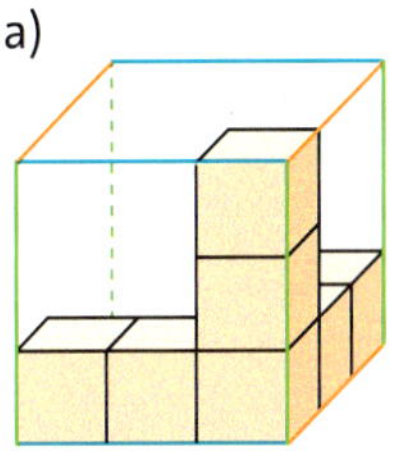
b)
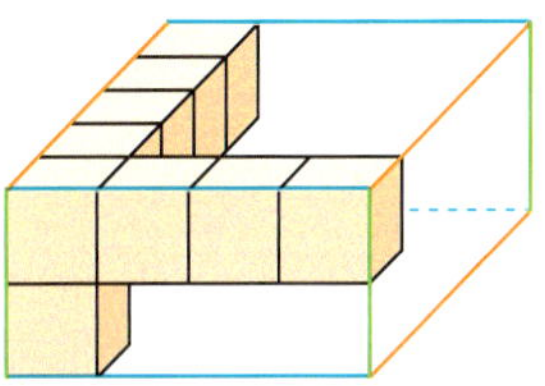

Tipp Volumen = Länge · Breite · Höhe

Länge:
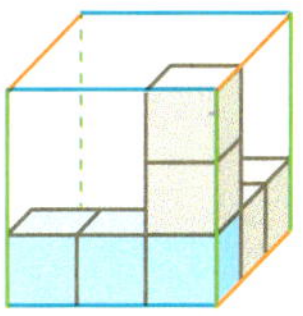
Breite:
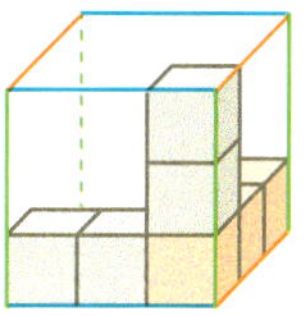
Höhe:
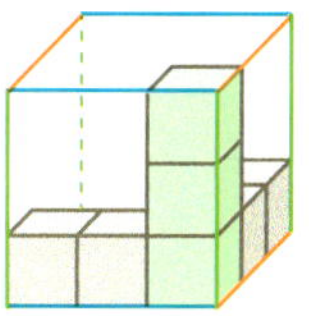

3 Berechne das Volumen des Quaders.
Beschreibe dein Vorgehen.

Tipp V = ☐ cm · ☐ cm · ☐ cm = ☐ cm^3

a)
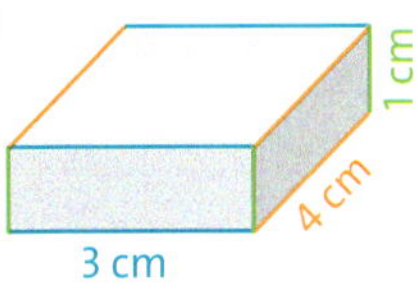

b)
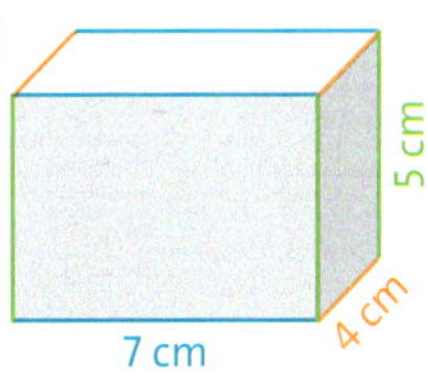

c)
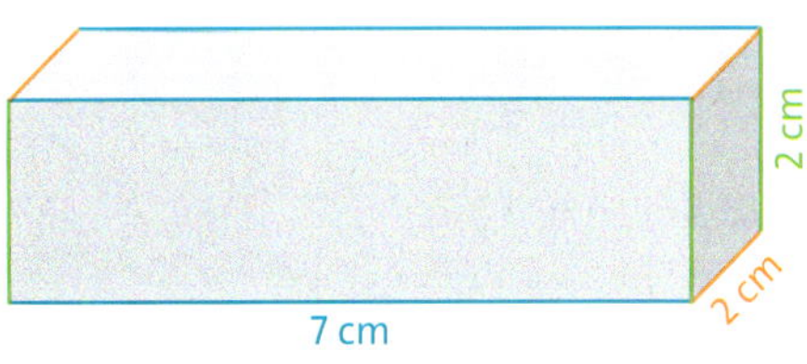

4 Berechne das Volumen des Würfels.
Tipp Achte auf die Einheiten.

Tipp zu a) V = ☐ cm · ☐ cm · ☐ cm = ☐ cm^3
Bei b) sind die Kantenlängen in einer anderen Einheit gegeben: dm. Dann berechnet man das Ergebnis auch in dm^3.

a)
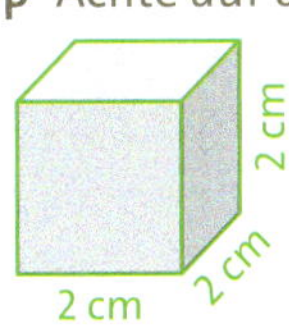

b)
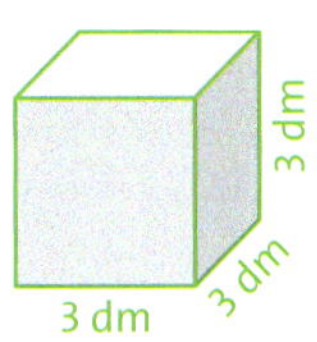

5 Berechne das Volumen des Quaders.

a) $a = 2\,\text{cm}$; $b = 3\,\text{cm}$; $c = 4\,\text{cm}$
b) $a = 1\,\text{cm}$; $b = 6\,\text{cm}$; $c = 3\,\text{cm}$
c) $a = 5\,\text{cm}$; $b = 3\,\text{cm}$; $c = 6\,\text{cm}$
d) $a = 4\,\text{cm}$; $b = 8\,\text{cm}$; $c = 1\,\text{cm}$

Tipp $V = \square\,\text{cm} \cdot \square\,\text{cm} \cdot \square\,\text{cm} = \square\,\text{cm}^3$

6 Berechne das Volumen des Würfels.

a) $a = 10\,\text{cm}$
b) $a = 20\,\text{cm}$
c) $a = 6\,\text{cm}$

Tipp $V = \square\,\text{cm} \cdot \square\,\text{cm} \cdot \square\,\text{cm} = \square\,\text{cm}^3$

7 Berechne das Volumen der Koffer.

Tipp Achte auf die Einheiten.

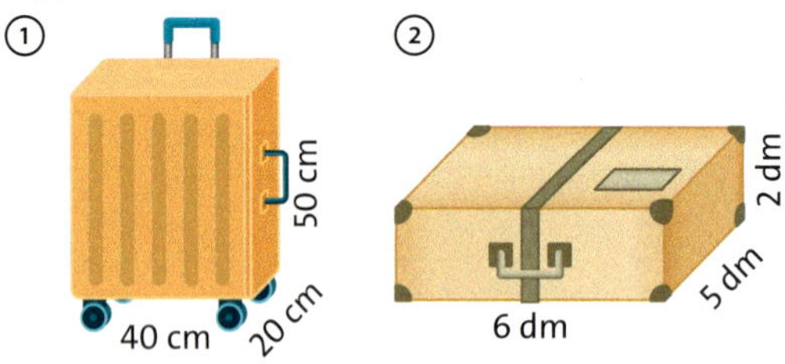

Tipp
Wenn **alle Kantenlängen in cm** gegeben sind, dann erhält man das **Volumen in cm³**.
Wenn **alle Kantenlängen in dm** gegeben sind, dann erhält man das **Volumen in dm³**.

8 Ein Karton ist 5 dm lang, 3 dm breit und 2 dm hoch.

a) Berechne das Volumen des Kartons.
b) Eine Kiste ist genauso lang, genauso breit, aber nur halb so hoch wie der Karton. Bestimme das Volumen der Kiste.

Tipp So sieht der Karton aus.

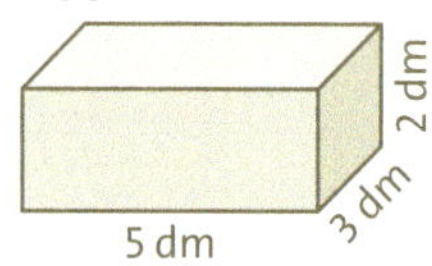

Wie sieht die Kiste aus?

9 Eine würfelförmige Kerze wird aus Wachs gegossen. Die Kerze hat eine Kantenlänge von 8 cm. Wie viel Wachs braucht man?

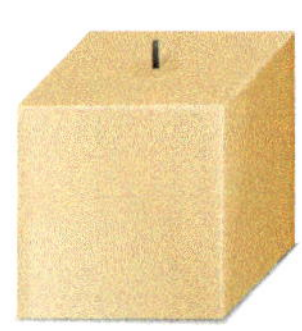

Tipp gegeben:
gesucht:
Formel:
Rechnung:
Antwortsatz:

10 Alis Klassenraum ist 9 m lang, 6 m breit und 3 m hoch.

a) Vergleicht das Volumen von eurem und Alis Klassenraum.
b) Jede Person soll $2\,\text{m}^3$ Raum haben. Wie viele Personen können in den Klassenraum von Ali?
c) In die Aula können 600 Personen. Welche Maße könnte die Aula haben?

11 Berechne die Höhe des Quaders.

Tipp zu a) $5\,\text{m} \cdot 2\,\text{m} \cdot \square\,\text{m} = 30\,\text{m}^3$
$10\,\text{m} \cdot \square\,\text{m}^2 = 30\,\text{m}^3$

	Länge a	Breite b	Höhe c	Volumen
a)	5 cm	2 cm	■ cm	30 cm³
b)	4 cm	5 cm	■ cm	80 cm³

Tipp

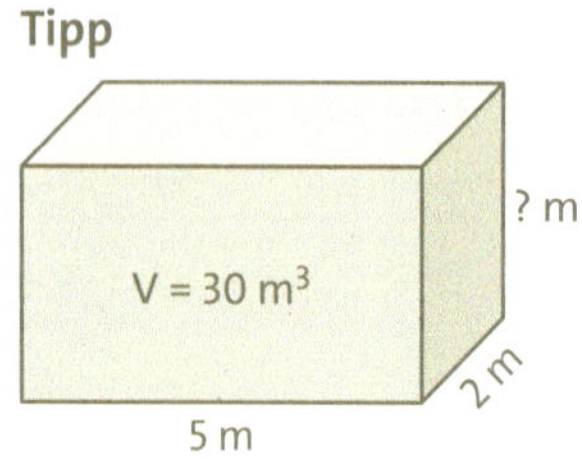

Strategie Aussagen begründen

Wenn man in der Mathematik eine Frage beantwortet, muss man die Antwort oft begründen. Es gibt verschiedene Möglichkeiten, eine Antwort oder Aussage zu begründen.

Beispiel 1 mit den **Eigenschaften** begründen

Frage:

Ist das ein Quader?

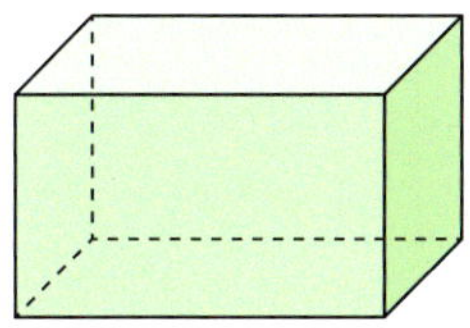

Ja, das ist ein Quader.

Begründung:

sechs rechteckige Flächen?	✓
gegenüberliegende Flächen gleich groß?	✓

Es ist also ein ***Quader.***

Beispiel 2 mit einer **Rechnung** begründen

Frage:

Haben die beiden Quader das gleiche Volumen?

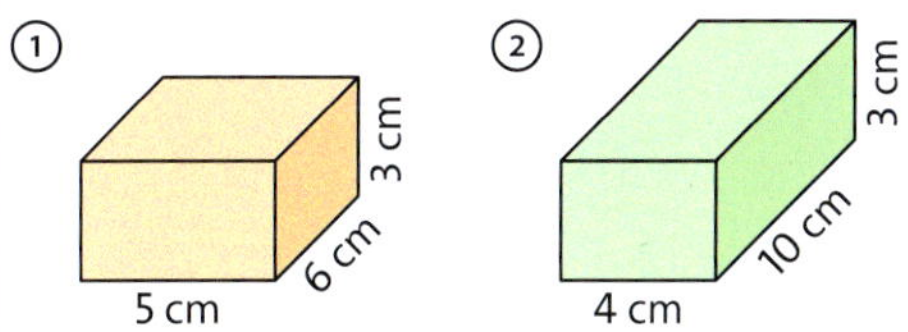

Nein, die beiden Quader haben nicht das gleiche Volumen.

Begründung:

① $V = 5\,cm \cdot 6\,cm \cdot 3\,cm = 90\,cm^3$

② $V = 4\,cm \cdot 10\,cm \cdot 3\,cm = 120\,cm^3$

Das Volumen von Quader ① ist kleiner als das Volumen von Quader ②.

Beispiel 3 mit einer **Zeichnung** begründen

Frage:

Haben die beiden Körper das gleiche Volumen?

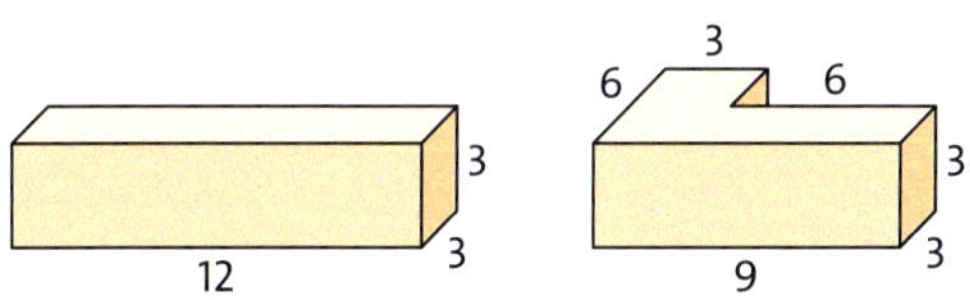

Ja, die beiden Körper haben das gleiche Volumen.

Begründung:

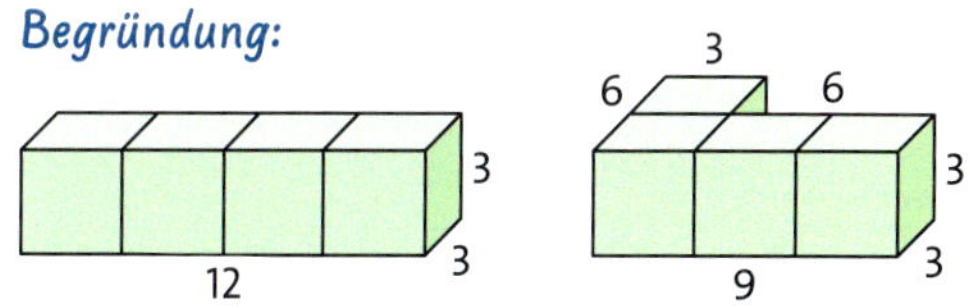

Die beiden Körper sind aus gleich vielen, gleich großen Würfeln gebaut.

Wenn man zeigen will, dass eine Aussage falsch ist, reicht ein Beispiel aus. Dieses Beispiel nennt man **Gegenbeispiel**.

Beispiel 4 mit einem **Gegenbeispiel** begründen

Frage:

Ist jeder Quader ein Würfel?

jeder Quader:
Das bedeutet, egal welchen Quader man nimmt …

Nein, nicht jeder Quader ist ein Würfel.

Begründung:

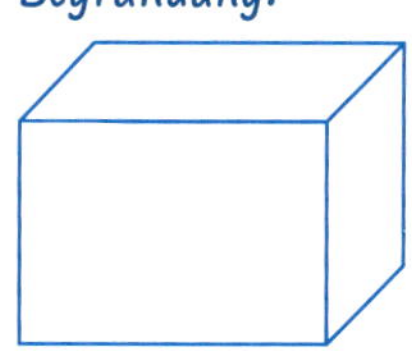

Das ist ein Quader, aber kein Würfel.

Der Quader ist ein **Gegenbeispiel**.

ANWENDEN

1 Ist das ein Würfel?
Begründe deine Antwort mit den Eigenschaften des Würfels.

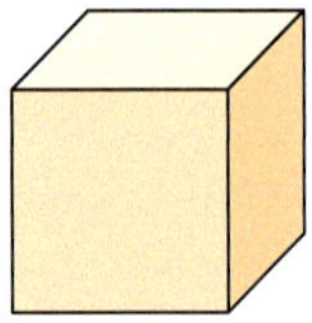

Tipp Prüfe die Eigenschaften:
2-mal ✓? Dann ist es ein Würfel.

6 quadratische Flächen?	
alle Flächen sind gleich groß?	

2 Welcher Körper hat den größeren Oberflächeninhalt?
Begründe deine Antwort mit einer Rechnung.

a)

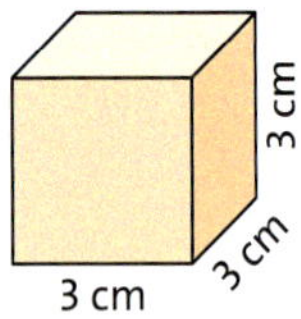

b)

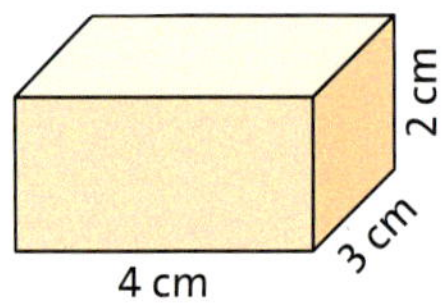

Tipp Würfel: $O = 6 \cdot a \cdot a$
Quader: $O = 2 \cdot a \cdot b + 2 \cdot a \cdot c + 2 \cdot b \cdot c$

3 Haben die Körper das gleiche Volumen?
Begründe deine Antwort mit einer Zeichnung.

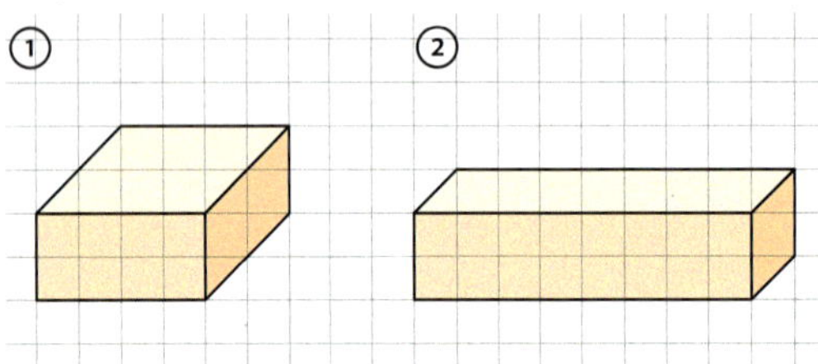

Tipp
Nutze die Karoraster zur Zerlegung.

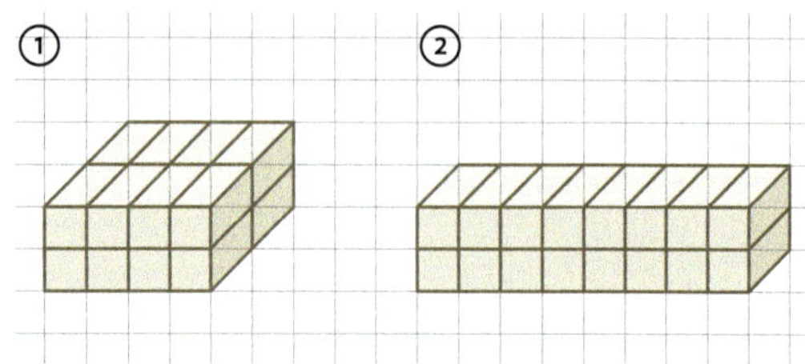

4 Erklärt die Begründung.
Verdoppelt man die Kantenlängen eines Würfels, verdoppelt sich auch sein Volumen.

Begründung: *Ein Würfel hat die Kantenlänge 1 cm.*
Dann ist das Volumen: $V = 1\,cm \cdot 1\,cm \cdot 1\,cm = 1\,cm^3$.
Ein Würfel mit doppelt so langer Kantenlänge hat die Kantenlänge $2 \cdot 1\,cm = 2\,cm$.
Dann ist das Volumen: $V = 2\,cm \cdot 2\,cm \cdot 2\,cm = 8\,cm^3$
Das Volumen ist 8-mal so groß. Die Aussage stimmt nicht.

5 Ein Würfel mit der Kantenlänge a = 2 cm hat ein doppelt so großes Volumen wie ein Würfel mit a = 1 cm. Stimmt das?

Tipp Begründe mit einer Rechnung.

6 Handelt es sich bei den beiden Netzen um den gleichen Körper? Begründe.

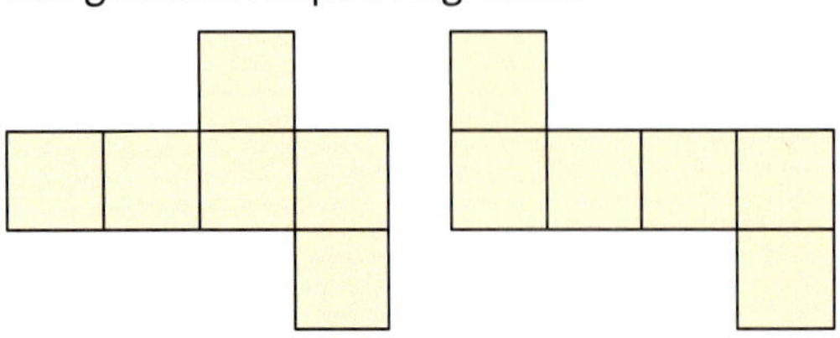

Tipp Begründe mit den Eigenschaften.

Methode Zusammengesetzte Körper

1 Beschreibe die Körper. Aus welchen Körpern setzen sich die Körper zusammen?

① ② ③ ④

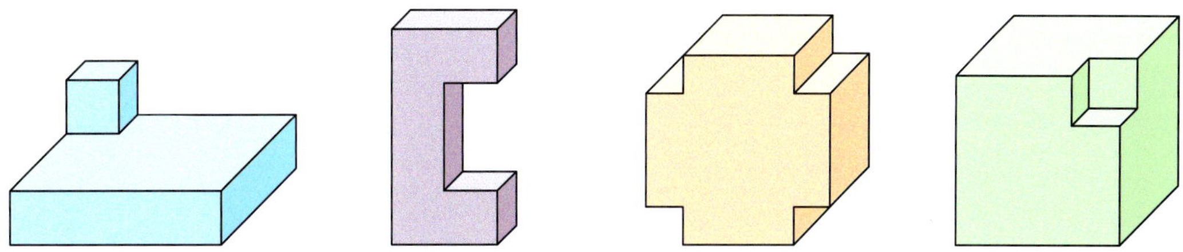

Um das Volumen von zusammengesetzten Körpern zu berechnen, gibt es zwei Methoden:

Zerlegungsmethode

① Zerlege den Körper in Quader und Würfel.

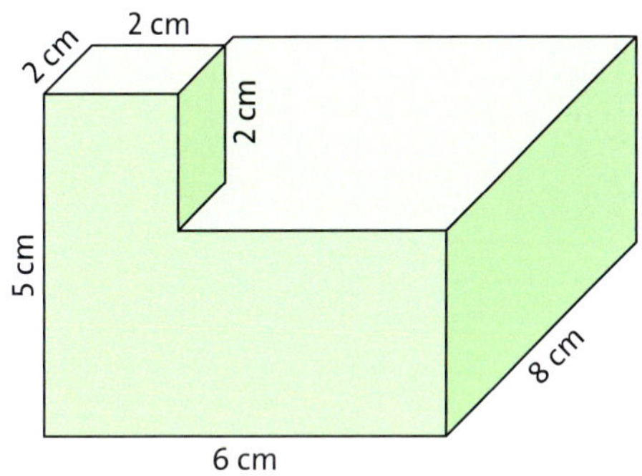

② Berechne jeweils das Volumen:
Quader und Würfel

③ Addiere das Volumen:
Quader + Würfel

Beispiel 1

①

Hier fehlt eine Kantenlänge:
5 cm − 2 cm = 3 cm

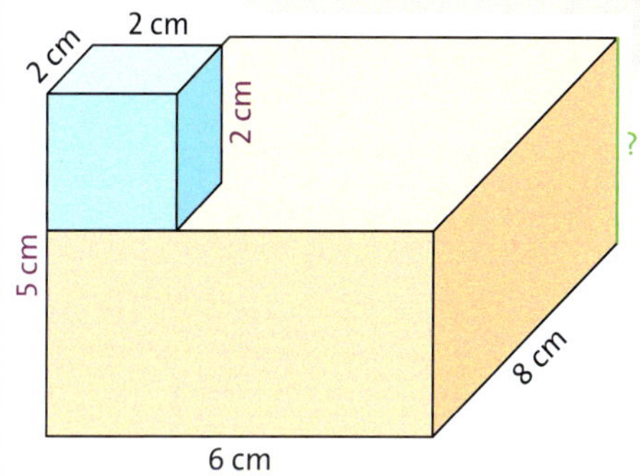

② $V = 6\,cm \cdot 8\,cm \cdot 3\,cm = 144\,cm^3$
$V = 2\,cm \cdot 2\,cm \cdot 2\,cm = 8\,cm^3$

③ $V = 144\,cm^3 + 8\,cm^3$
$V = \underline{\underline{152\,cm^3}}$

Ergänzungsmethode

① Ergänze den Körper zu einem Quader oder Würfel.

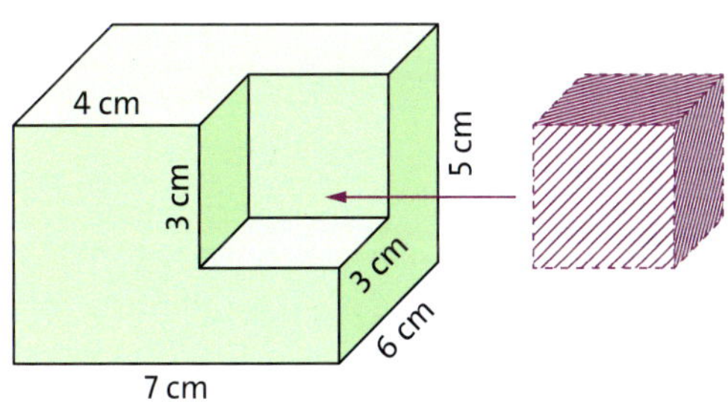

② Berechne jeweils das Volumen:
großer Körper und kleiner Körper

③ Subtrahiere das Volumen:
großer Körper − kleiner Körper

Beispiel 2

①

Hier fehlt eine Kantenlänge:
7 cm − 4 cm = 3 cm

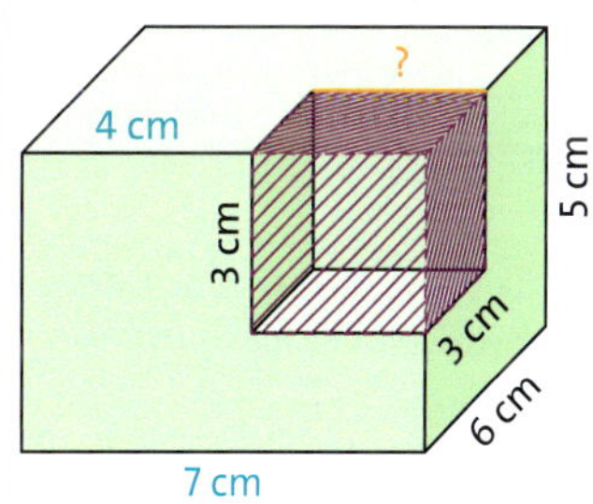

② $V = 7\,cm \cdot 6\,cm \cdot 5\,cm = 210\,cm^3$
$V = 3\,cm \cdot 3\,cm \cdot 3\,cm = 27\,cm^3$

③ $V = 210\,cm^3 - 27\,cm^3$
$V = \underline{\underline{183\,cm^3}}$

ANWENDEN

1 Beschreibe, wie du die Körper zerlegen würdest.
Aus wie vielen Quadern und Würfeln bestehen dann die Körper?

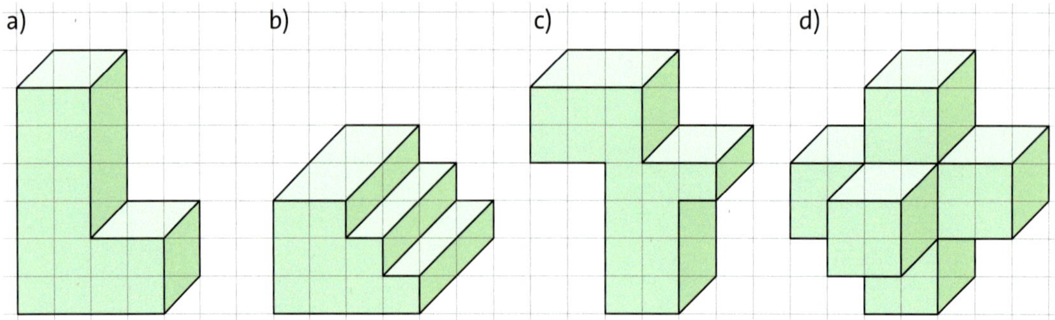

2 Berechne das Volumen mit der Zerlegungsmethode.

a)

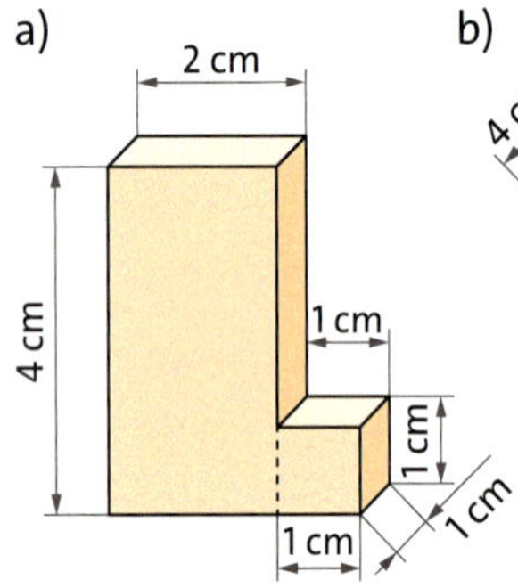

b)

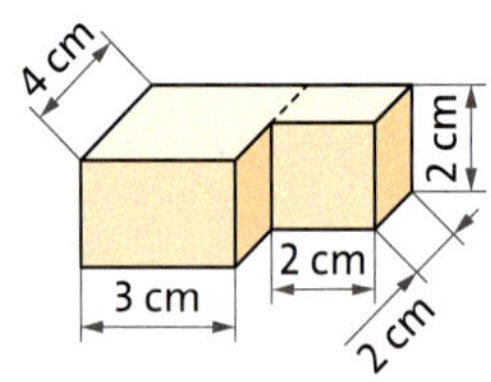

Tipp Zerlege den Körper in zwei Teile. Berechne jeweils das Volumen und addiere.

3 Berechne das Volumen mit der Ergänzungsmethode.

a)

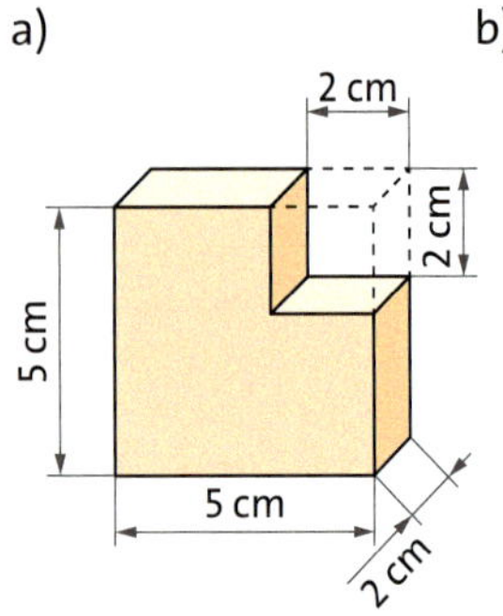

b)

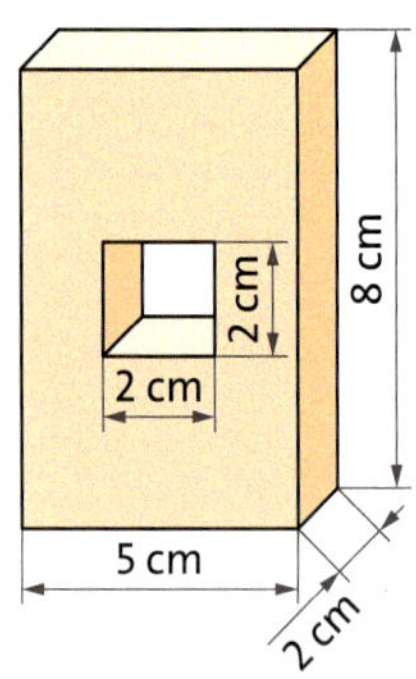

Tipp Berechne erst das Volumen des großen Körpers und subtrahiere das Volumen des kleinen Körpers.

4 Berechne das Volumen des Körpers. Welche Methode wählst du? Begründe.

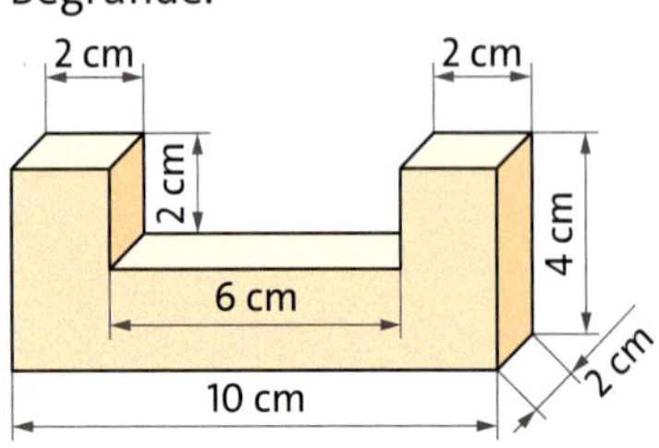

Tipp
Entweder
Ergänze oben in der Mitte mit einem Quader.
oder
Teile den Körper in 2 Würfel und einen Quader.

Thema Weitere Körper

Quader und Würfel hast du bereits kennengelernt.
Es gibt aber noch andere Körper.

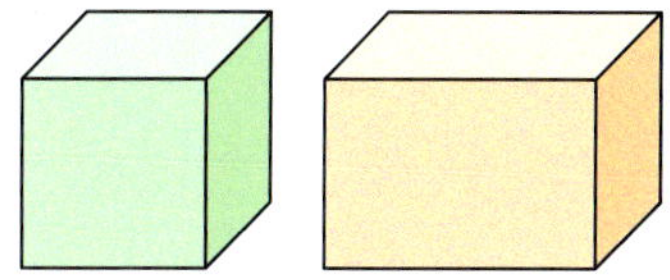

ANWENDEN

1 Weitere Körper

Kugel | Pyramide | Prisma | Zylinder | Kegel

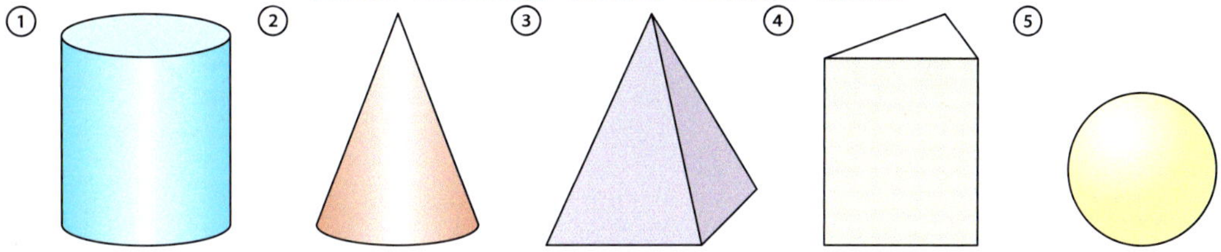

a) Wie heißen die Körper?
b) Vergleicht die Körper. Beschreibt Gemeinsamkeiten und Unterschiede.
Tipp Nutze die Begriffe: Flächen, Kanten, Ecken

2 Welche Form haben die Gegenstände?
Beschreibe sie.

Findet noch andere Gegenstände in eurer Umgebung, die diese Formen haben.

3 Übertrage und ergänze die Tabelle im Heft.

Körper	*Würfel*						
Anzahl …	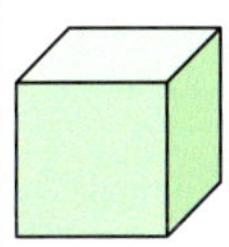	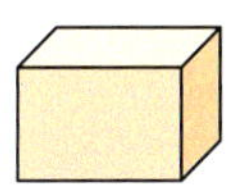	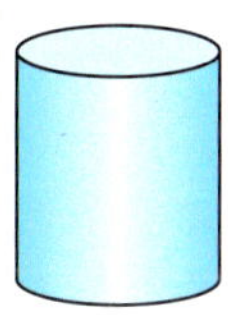	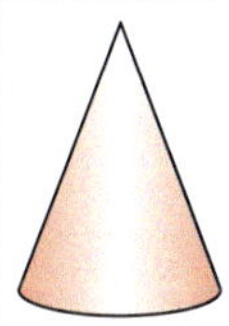	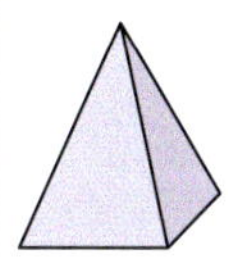	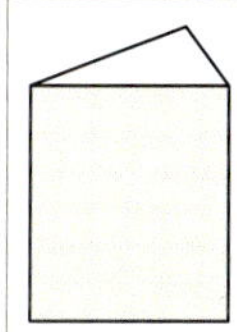	
der Flächen							
der Ecken							
der Kanten							

4 Welcher Körper wird hier gesucht?
Tipp Es können mehrere Körper richtig sein.

a) 8 Kanten, 5 Flächen, 5 Ecken

b) 6 Ecken, 5 Flächen, 9 Kanten

c) 8 Ecken, 12 Kanten, 6 Flächen

d) keine Ecken, 2 Kanten, 3 Flächen

Tipp Die Tabelle aus Aufgabe 3 kann dir helfen.

Mit Brüchen multiplizieren und dividieren

In diesem Kapitel lernst du, …

- → Anteile von Größen zu berechnen.
- → einen Bruch mit einer natürlichen Zahl zu multiplizieren.
- → Brüche miteinander zu multiplizieren.
- → einen Bruch durch eine natürliche Zahl zu dividieren.
- → Brüche zu dividieren.

In den USA gibt es den sogenannten Quarter.
Diese Münze hat den Wert eines Viertel US-Dollars.
Wie viele Cent sind das?
Wie viele Quarter sind ein US-Dollar?
Wie viele Dollar sind diese zehn Quarter wert?
Wie viel wäre ein halber Quarter wert?

ANWENDEN

1 Wie viel sind $\frac{2}{3}$ von 30 cm?
Beschreibe dein Vorgehen.

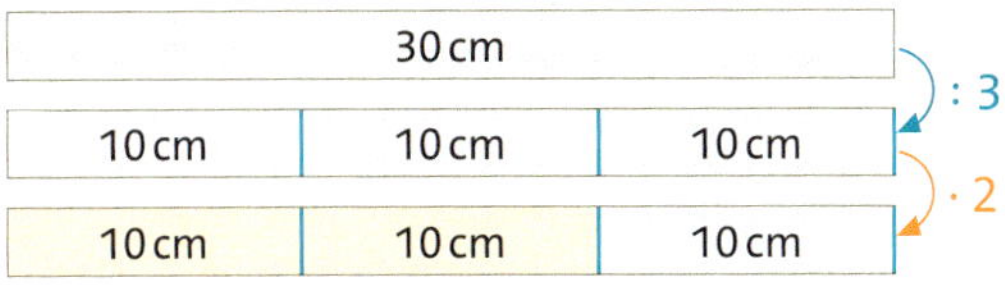

Tipp
① Erst ☐ ich die Größe durch den ☐: 30 cm $\xrightarrow{:3}$ ☐
② Dann ☐ ich das Ergebnis mit dem ☐: ☐ $\xrightarrow{\cdot 2}$?

2 Berechne die Größen.

a) $\frac{5}{6}$ von 6 cm: 6 cm $\xrightarrow{:6}$ ☐ cm $\xrightarrow{\cdot 5}$ ☐ cm

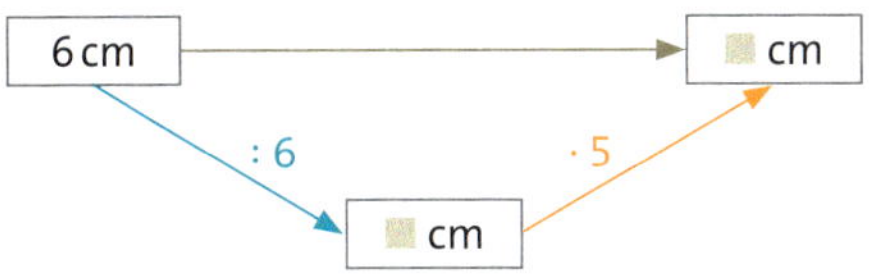

b) $\frac{2}{5}$ von 10 g: 10 g $\xrightarrow{:☐}$ ☐ g $\xrightarrow{\cdot ☐}$ ☐ g

Tipp Prüfe dein Ergebnis bei a) mit einer Zeichnung:
Teile einen 6 cm langen Streifen in 6 gleich große Teile.
Male fünf Teile bunt und miss die Länge.

3 Berechne die Größen.

a) $\frac{3}{4}$ von 4 cm b) $\frac{1}{2}$ von 4 g
c) $\frac{2}{3}$ von 9 dm d) $\frac{3}{5}$ von 10 h

Tipp
① Dividiere die Größe durch den Nenner.
② Multipliziere das Ergebnis mit dem Zähler.

4 Berechne die Größen.
Tipp Rechne erst in eine kleinere Einheit um.

a) $\frac{1}{2}$ cm = ☐ mm b) $\frac{2}{5}$ kg = ☐ g
c) $\frac{3}{4}$ m = ☐ dm d) $\frac{7}{10}$ € = ☐ ct

Tipp $\frac{1}{2}$ cm bedeutet: $\frac{1}{2}$ von 1 cm
$\frac{2}{5}$ kg bedeutet: $\frac{2}{5}$ von 1000 g

5 Berechne die Größen.
Tipp Rechne auch hier erst in eine kleinere Einheit um. Sonst kannst du nicht dividieren.

a) $\frac{3}{10}$ von 2 m b) $\frac{4}{5}$ von 3 €
c) $\frac{1}{2}$ von 3 cm d) $\frac{5}{6}$ von 3 kg

Tipp 2 m $\xrightarrow{:10}$ ☐
2 m : 10 kann ich nicht dividieren.
Aber 20 dm : 10 geht.

Rechne in diese Einheiten um:
dm mm g ct

6 Berechne die Größen.

a)

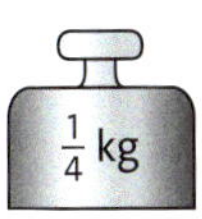

b)

c)

Tipp zu c)

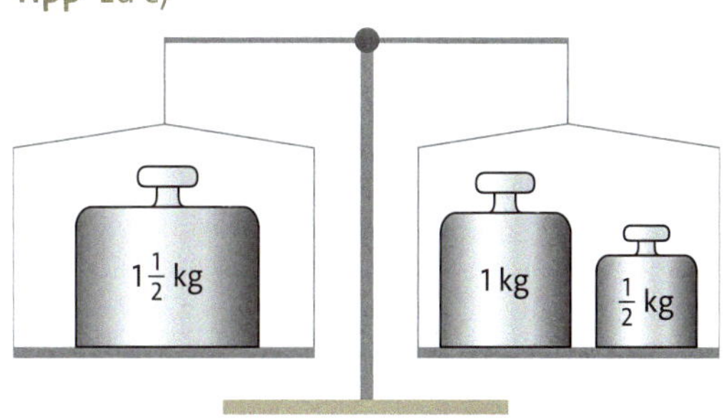

ANWENDEN

1 Schreibe die Multiplikation und das Ergebnis ins Heft.

a)

b)

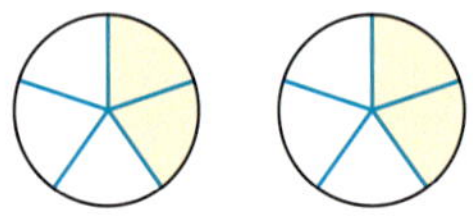

Tipp $\square \cdot \frac{\square}{\square}$

Wie oft ist der Bruch abgebildet? □ mal

Welcher Bruch ist abgebildet? $\frac{\square}{\square}$

Rechne Zähler mal natürliche Zahl.
Der Nenner wird nicht verändert.

2 Multipliziere.
Tipp zu d) bis f): Es ist egal, ob die natürliche Zahl vor oder hinter dem Bruch steht.

a) $2 \cdot \frac{4}{9}$ b) $5 \cdot \frac{2}{11}$ c) $3 \cdot \frac{2}{7}$
d) $\frac{3}{10} \cdot 3$ e) $\frac{1}{6} \cdot 5$ f) $\frac{2}{7} \cdot 2$

Tipp Schreibe die natürliche Zahl mit dem Zähler auf einen Bruchstrich.

zu a) $\square \cdot \frac{4}{9} = \frac{\square \cdot 4}{9}$
zu d) $\frac{1}{8} \cdot \square = \frac{1 \cdot \square}{8}$

3 Multipliziere.
Tipp Kürze, bevor du multiplizierst.

a) $2 \cdot \frac{3}{8}$ b) $6 \cdot \frac{2}{3}$ c) $8 \cdot \frac{7}{12}$
d) $\frac{2}{15} \cdot 5$ e) $\frac{7}{9} \cdot 3$ f) $\frac{1}{12} \cdot 6$

Tipp Die Kürzungszahlen sind:
2 3 4 5 3 6

4 Multipliziere.
Schreibe das Ergebnis als gemischte Zahl.
Tipp $2 \cdot \frac{4}{5} = \frac{2 \cdot 4}{5} = \frac{8}{5} = 1\frac{3}{5}$

a) $5 \cdot \frac{2}{9}$ b) $3 \cdot \frac{2}{5}$ c) $\frac{5}{7} \cdot 4$

Tipp $\frac{8}{5} = 1\frac{3}{5}$

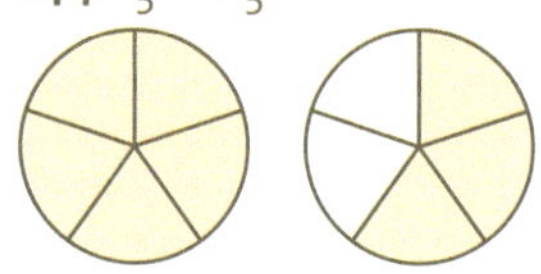

5 Jana isst $\frac{1}{3}$ Pizza.
Ihr Vater schafft 2 mal so viel.
Wie viel Pizza schafft Janas Vater?
Schreibe einen Antwortsatz.

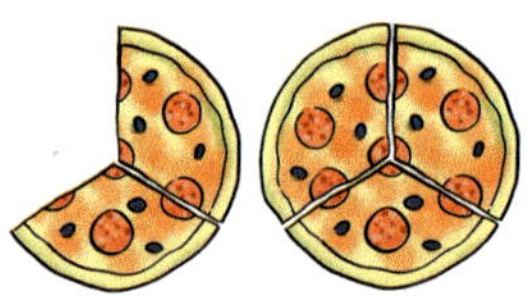

Tipp gegeben:
gesucht:
Rechnung:
Antwortsatz:

Hinweis

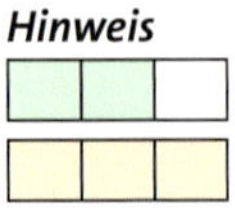

$1\frac{2}{3} = \frac{5}{3}$

Methode Mit gemischten Zahlen multiplizieren
Rechne zuerst die gemischte Zahl in einen unechten Bruch um.
$4 \cdot 1\frac{2}{3} = 4 \cdot \frac{5}{3} = \frac{4 \cdot 5}{3} = \frac{20}{3}$

6 Multipliziere.

a) $2 \cdot 1\frac{1}{5}$ b) $3 \cdot 1\frac{3}{7}$
c) $10 \cdot 2\frac{8}{9}$ d) $2 \cdot 3\frac{3}{4}$
e) $4\frac{1}{6} \cdot 5$ f) $3\frac{7}{9} \cdot 3$

7 Übertrage und ergänze im Heft.
Tipp Schreibe die Multiplikation mit □ auf einen Bruchstrich.

a) $\square \cdot \frac{3}{7} = \frac{6}{7}$ b) $\square \cdot \frac{1}{5} = \frac{4}{5}$

Tipp $\frac{\square \cdot 3}{7} = \frac{6}{7}$

ANWENDEN

1 Schreibe die Division und das Ergebnis ins Heft.
6 Freunde teilen sich den Schoko-Riegel.

Tipp $\frac{■}{■}$: ■

Welcher Bruch ist abgebildet? $\frac{■}{■}$

Wie viele Freunde teilen sich den Schoko-Riegel? ■

2 Dividiere.

a) $\frac{6}{7} : 3$ b) $\frac{4}{5} : 2$ c) $\frac{10}{13} : 5$

d) $\frac{2}{3} : 3$ e) $\frac{3}{4} : 5$ f) $\frac{3}{5} : 4$

Tipp Schreibe die natürliche Zahl mit dem Nenner auf einen Bruchstrich und multipliziere: $\frac{4}{9} : ■ = \frac{4}{9 \cdot ■}$

3 Dividiere.
Tipp Kürze, bevor du rechnest.
Prüfe dein Ergebnis mit der Umkehraufgabe.

a) $\frac{6}{7} : 4$ b) $\frac{8}{9} : 6$ c) $\frac{9}{10} : 3$

d) $\frac{4}{9} : 8$ e) $\frac{10}{11} : 4$ f) $\frac{15}{24} : 10$

Tipp

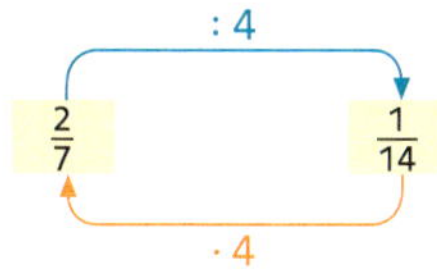

$\frac{2}{7} : 4 = \frac{1}{14}$ ist richtig, weil $\frac{1}{14} \cdot 4 = \frac{2}{7}$ ist.

4 Hier haben sich Fehler versteckt. Erklärt die Fehler und berichtigt sie.

a) $\frac{5}{8} : 4 = \frac{5}{8 : 4} = \frac{5}{2} = 2\frac{1}{2}$

b) $\frac{3}{7} : 4 = \frac{3 \cdot 4}{7} = \frac{8}{7} = 1\frac{1}{7}$

c) $\frac{5}{6} : 7 = \frac{5 \cdot 7}{6 \cdot 7} = \frac{35}{42}$

d) $\frac{9}{10} : 3 = \frac{9}{10 \cdot 3} = \frac{9}{13}$

5 Es sind noch $\frac{3}{4}$ einer Pizza übrig.
3 Kinder teilen sich die Pizza.
Jedes Kind bekommt gleich viel Pizza.
Wie viel Pizza bekommt jeder?

Tipp gegeben:
gesucht:
Rechnung:
Antwortsatz:

Methode Gemischte Zahlen dividieren
Rechne erst die gemischte Zahl in einen unechten Bruch um.

$1\frac{5}{8} : 4 = \frac{13}{8} : 4 = \frac{13}{8 \cdot 4} = \frac{13}{32}$

6 Dividiere.

a) $1\frac{3}{4} : 4$ b) $3\frac{5}{8} : 2$

c) $1\frac{2}{5} : 6$ d) $2\frac{3}{7} : 17$

e) $3\frac{1}{3} : 4$ f) $4\frac{2}{9} : 6$

7 Übertrage und ergänze im Heft.

a) $\frac{2}{3} : ■ = \frac{2}{9}$

b) $\frac{1}{3} : ■ = \frac{1}{12}$

1 3 4 7

Tipp $\frac{2}{3} : ■ = \frac{2}{3 \cdot ■}$

$\frac{1}{3} : ■ = \frac{1}{3 \cdot ■}$

8 $\frac{3}{4}$ ℓ Saft wird gerecht auf Gläser aufgeteilt.
Berechne, wie viel ℓ Saft in jedem Glas ist.
a) aufgeteilt auf 2 Gläser
b) aufgeteilt auf 4 Gläser
c) aufgeteilt auf 8 Gläser
Was fällt dir auf?

Tipp doppelt die Hälfte

ANWENDEN

1 Erkläre die Zeichnung.
Schreibe das Ergebnis ins Heft: $\frac{1}{3} \cdot \frac{2}{3} = \frac{\square}{\square}$

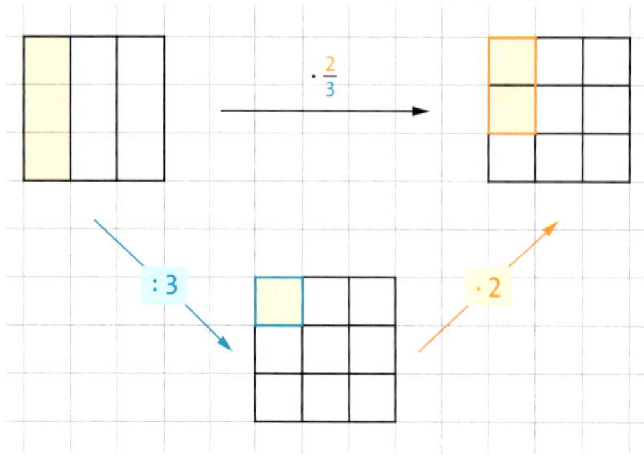

Tipp Welche Brüche werden multipliziert?

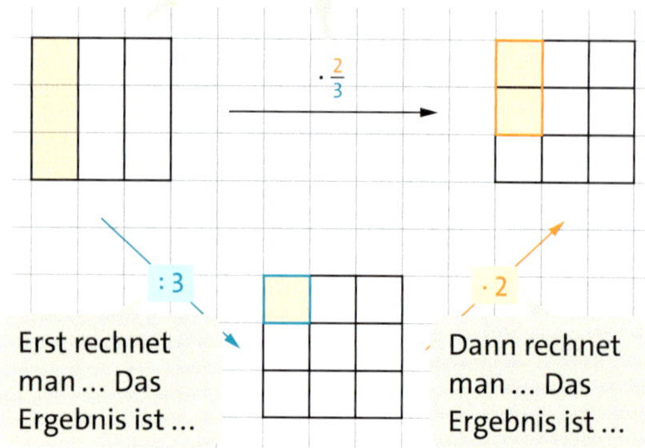

2 $\frac{2}{3}$ von $\frac{3}{5}$
Schreibe als Multiplikation: $\frac{\square}{\square} \cdot \frac{\square}{\square} = \frac{\square}{\square}$

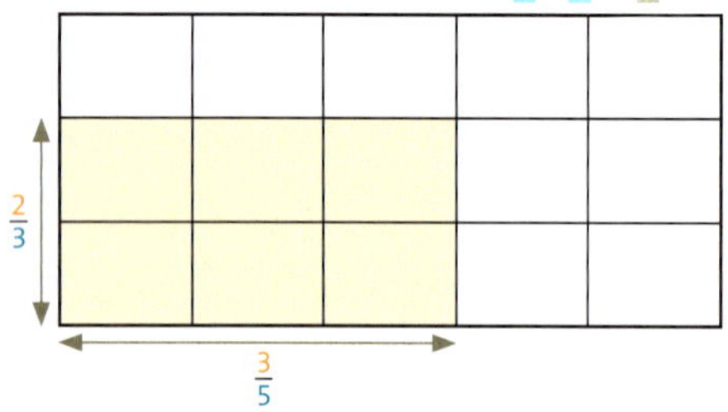

Tipp Lies das Ergebnis aus der Zeichnung ab.

3 Multipliziere.
Tipp Zähler mal Zähler, Nenner mal Nenner.

a) $\frac{3}{4} \cdot \frac{1}{2}$ b) $\frac{4}{5} \cdot \frac{2}{3}$

c) $\frac{2}{3} \cdot \frac{3}{7}$ d) $\frac{3}{5} \cdot \frac{2}{7}$

Tipp Schreibe auf einem Bruchstrich und multipliziere:
$\frac{\square}{\square} \cdot \frac{\square}{\square} = \frac{\square \cdot \square}{\square \cdot \square} = \dots$

4 Übertrage ins Heft. Zeichne die Anteile ein.

a) $\frac{1}{3}$ von $\frac{1}{2}$ b) $\frac{2}{5}$ von $\frac{2}{3}$

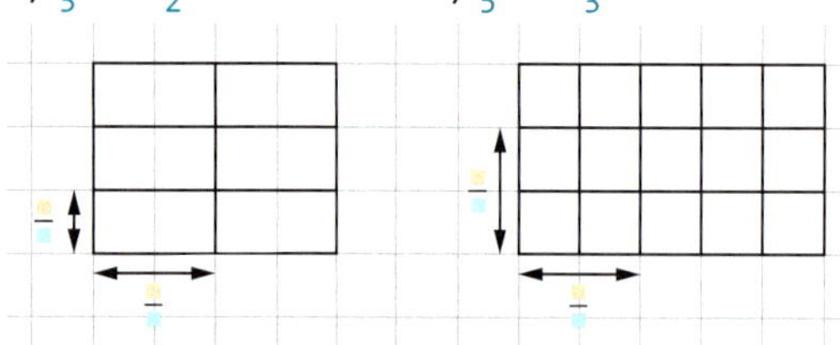

c) Zeichne eigene Aufgaben
Tausche sie mit deinem Partner.

Tipp Beschrifte die Pfeile und male die Anteile bunt.

5 Schreibe als Multiplikation und berechne.
Tipp $\frac{1}{2}$ von $\frac{1}{3}$ bedeutet $\frac{1}{2} \cdot \frac{1}{3}$

a) $\frac{1}{2}$ von $\frac{1}{3}$ b) $\frac{2}{3}$ von $\frac{5}{7}$

c) $\frac{1}{6}$ von $\frac{5}{9}$ d) $\frac{4}{9}$ von $\frac{4}{5}$

Tipp Zähler mal Zähler, Nenner mal Nenner.

6 Hier haben sich Fehler versteckt. Erklärt die Fehler und berichtigt sie.

a) $\frac{2}{7}\cdot\frac{3}{7}=\frac{6}{7}$

b) $\frac{3}{7}\cdot\frac{3}{4}=\frac{3}{28}$

c) $\frac{3}{8}\cdot\frac{5}{11}=\frac{8}{19}$

d) $\frac{3}{4}\cdot\frac{6}{7}=\frac{^{1}\cancel{3}\cdot\cancel{6}^{2}}{4\cdot 7}=\frac{2}{28}$

e) $\frac{6}{8}\cdot\frac{7}{10}=\frac{^{3}\cancel{6}\cdot 7}{_{4}\cancel{8}\cdot\cancel{10}_{5}}=\frac{21}{20}$

f) $\frac{3}{5}\cdot\frac{5}{9}=\frac{^{1}\cancel{3}\cdot\cancel{5}^{1}}{_{1}\cancel{5}\cdot 9}=\frac{1}{9}$

7 Multipliziere.

Tipp Kürze bevor du multiplizierst.
Bei e) und f) kannst du zweimal kürzen.

a) $\frac{4}{5}\cdot\frac{3}{8}$

b) $\frac{5}{6}\cdot\frac{6}{7}$

c) $\frac{3}{10}\cdot\frac{5}{7}$

d) $\frac{2}{9}\cdot\frac{3}{5}$

e) $\frac{4}{15}\cdot\frac{5}{12}$

f) $\frac{3}{14}\cdot\frac{7}{9}$

Tipp Das sind die Kürzungszahlen:

2	3	3	4	5	5	6	7

Methode Mit gemischten Zahlen multiplizieren

Rechne zuerst alle gemischte Zahlen in unechte Brüche um.

$1\frac{2}{3}\cdot 2\frac{1}{2}=\frac{5}{3}\cdot\frac{5}{2}=\frac{5\cdot 5}{3\cdot 2}=\frac{25}{6}=4\frac{1}{6}$

Schreibe das Ergebnis als gemischte Zahl.

8 Multipliziere.

Tipp zu c) und d): Hier musst du beide gemischte Zahlen umrechnen.

a) $1\frac{1}{2}\cdot\frac{4}{5}$

b) $\frac{5}{6}\cdot 2\frac{1}{3}$

c) $1\frac{1}{3}\cdot 2\frac{3}{5}$

d) $2\frac{3}{4}\cdot 1\frac{1}{22}$

9 Onur backt zwei Kuchen. Er braucht für beide Kuchen zusammen $\frac{3}{4}$ kg Mehl. Für einen Kuchen braucht er die Hälfte. Wie viel kg Mehl braucht er für einen Kuchen?

Tipp $\frac{3}{4}\cdot\frac{1}{2}=\ldots$

10 Natürliche Zahl als Bruch

Hier kann ich nicht Zähler mal Zähler und Nenner mal Nenner rechnen.

Doch. Schreib die 8 als Bruch: $8=\frac{8}{1}$

a) Was meint Tobias damit?
b) Berechne die Aufgabe.
c) Denk dir eigene Aufgaben aus und berechne sie.

11 Übertrage und ergänze im Heft.

Tipp $\frac{4}{5}\cdot\frac{3}{5}=\frac{4\cdot 3}{5\cdot 5}$

a) $\frac{4}{5}\cdot\frac{3}{5}=\frac{12}{\blacksquare}$

b) $\frac{3}{4}\cdot\frac{\blacksquare}{4}=\frac{9}{16}$

c) $\frac{1}{3}\cdot\frac{2}{\blacksquare}=\frac{2}{15}$

d) $\frac{\blacksquare}{6}\cdot\frac{5}{8}=\frac{35}{48}$

Lösungen: 3; 5; 7; 25

12 Multipliziere. Was fällt dir auf?

a) $\frac{3}{4}\cdot\frac{4}{3}$

b) $\frac{2}{5}\cdot\frac{5}{2}$

c) $\frac{4}{7}\cdot\frac{7}{4}$

d) $\frac{1}{6}\cdot\frac{6}{1}$

e) Denke dir eine eigene Aufgabe aus.

Tipp

ANWENDEN

1 Bilde den Kehrwert.

Tipp Vertausche Zähler und Nenner.

a) $\frac{4}{5}$ b) $\frac{3}{7}$

c) $\frac{2}{9}$ d) $\frac{1}{4}$

Tipp

2 Schreibe als Multiplikationsaufgabe mit dem Kehrwert und berechne.

a) $\frac{2}{3} : \frac{3}{4}$ b) $\frac{4}{5} : \frac{5}{6}$

c) $\frac{1}{6} : \frac{5}{7}$ d) $\frac{3}{7} : \frac{2}{3}$

Lösungen: $\frac{8}{9}$ $\frac{24}{25}$ $\frac{7}{30}$ $\frac{9}{14}$

Tipp Bilde den Kehrwert.

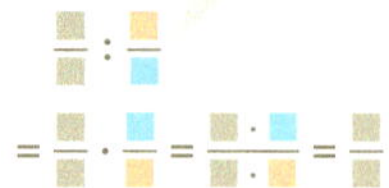

3 Dividiere.
Überprüfe dein Ergebnis mit der Umkehraufgabe.

a) $\frac{2}{7} : \frac{3}{5}$ b) $\frac{1}{2} : \frac{5}{9}$

c) $\frac{3}{8} : \frac{4}{7}$ d) $\frac{3}{10} : \frac{1}{3}$

Tipp

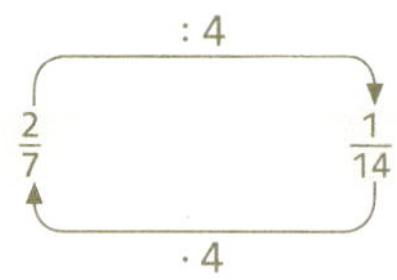

$\frac{2}{7} : 4 = \frac{1}{14}$ ist richtig, weil $\frac{1}{14} \cdot 4 = \frac{2}{7}$ ist.

4 Übertrage die Zeichnung ins Heft.
Wie oft passt $\frac{1}{3}$ in 2? Erkläre.

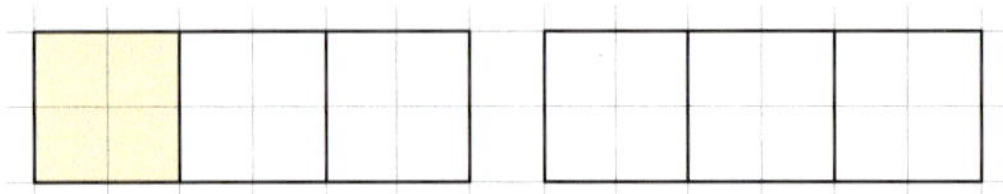

a) Schreibe als Rechnung.
b) Wie oft passt $\frac{2}{3}$ in 4?
Zeichne die Aufgabe ins Heft.

Tipp Übertrage die Zeichnung auf ein Blatt Papier und schneide das orangene Quadrat aus.
Wie oft kannst du es in die zwei Ganzen legen?

5 Dividiere.

Tipp Schreibe die natürliche Zahl als Bruch:
$2 = \frac{2}{1}$

a) $2 : \frac{3}{4}$ b) $4 : \frac{5}{6}$

c) $\frac{3}{10} : 2$ d) $\frac{3}{5} : 5$

Tipp $5 = \frac{5}{1}$ $7 = \frac{7}{1}$ $4 = \frac{4}{1}$ $2 = \frac{2}{1}$

6 Lian hat 2 ℓ Apfelsaft.
In ein Glas passen $\frac{1}{8}$ ℓ.
Wie viel $\frac{1}{8}$ ℓ-Gläser kann sie mit Apfelsaft füllen?

Tipp gegeben:
gesucht:
Rechnung:
Antwortsatz:

7 Schreibe als Divisionsaufgabe und rechne.

a) Wie oft passt $\frac{1}{4}$ in 3?

b) Wie oft passt $\frac{1}{8}$ in $\frac{3}{8}$?

c) Wie oft passt $\frac{2}{3}$ in $\frac{3}{4}$?

Tipp Wie oft passt 2 in 8?
8 : 2 = 4

8 Hier haben sich Fehler versteckt. Erklärt die Fehler und berichtigt sie.

a) $\frac{1}{2} : \frac{3}{4} = \frac{1}{2} \cdot \frac{3}{4} = \frac{1 \cdot 3}{2 \cdot 4} = \frac{3}{8}$

b) $\frac{9}{16} : \frac{2}{3} = \frac{9}{16} \cdot \frac{3}{2} = \frac{9 : 3}{16 : 2} = \frac{3}{8}$

c) $\frac{8}{9} : \frac{2}{9} = \frac{8 : 2}{9} = \frac{4}{9}$

d) $\frac{3}{7} : \frac{14}{15} = \frac{3 \cdot 15}{{}_1\cancel{7} \cdot \cancel{14}_2} = \frac{3 \cdot 15}{2} = \frac{45}{2}$

e) $\frac{4}{7} : \frac{8}{9} = \frac{4}{7} \cdot \frac{9}{8} = \frac{\cancel{4} \cdot 9}{7 \cdot \cancel{8}} = \frac{9}{7}$

f) $\frac{5}{7} : \frac{3}{10} = \frac{{}^1\cancel{5}}{7} : \frac{3}{\cancel{10}_2} = \frac{1}{7} : \frac{3}{2} = \frac{1}{7} \cdot \frac{2}{3} = \frac{2}{21}$

9 Dividiere.

Tipp Kürze bevor du multiplizierst.
Bei e) und f) kannst du zweimal kürzen.

a) $\frac{3}{4} : \frac{3}{7}$ b) $\frac{2}{3} : \frac{5}{6}$

c) $\frac{1}{5} : \frac{2}{5}$ d) $\frac{3}{8} : \frac{5}{16}$

e) $\frac{4}{15} : \frac{8}{9}$ f) $\frac{9}{10} : \frac{3}{5}$

Tipp

$\frac{3}{5} : \frac{6}{7} = \frac{3}{5} \cdot \frac{7}{6} = \frac{{}^1\cancel{3} \cdot 7}{5 \cdot \cancel{6}_2} = \ldots$

10 Dividiere.
Schreibe das Ergebnis als gemischte Zahl.

a) $\frac{4}{7} : \frac{1}{2}$ b) $\frac{2}{3} : \frac{3}{5}$

c) $\frac{3}{5} : \frac{5}{10}$ d) $\frac{5}{6} : \frac{3}{7}$

Tipp $\frac{8}{5} = 1\frac{3}{5}$

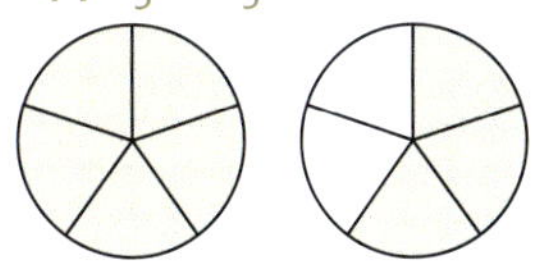

Methode Gemischte Zahlen dividieren

Rechne zuerst alle gemischte Zahlen in unechte Brüche um.

$1\frac{2}{3} : \frac{2}{7} = \frac{5}{3} \cdot \frac{7}{2} = \frac{5 \cdot 7}{3 \cdot 2} = \frac{35}{6} = 5\frac{5}{6}$

11 Dividiere.

Tipp zu c) und d): Hier musst du beide gemischte Zahlen umrechnen.

a) $1\frac{2}{3} : \frac{2}{5}$ b) $1\frac{4}{7} : \frac{4}{9}$

c) $1\frac{4}{5} : 2\frac{1}{3}$ d) $2\frac{5}{6} : 1\frac{1}{11}$

12 Eine Holzlatte ist $\frac{3}{4}$ m lang.
Gabor sägt die Holzlatte in $\frac{3}{20}$ m lange Stücke.
In wie viele Stücke sägt Gabor die Holzlatte?

Tipp gegeben:
gesucht:
Rechnung:
Antwortsatz:

13 Übertrage und ergänze im Heft.

a) $\frac{\square}{5} : \frac{1}{6} = \frac{6}{5}$

b) $\frac{5}{6} : \frac{\square}{\square} = \frac{35}{36}$

c) $\frac{\square}{\square} : \frac{5}{1} = \frac{1}{15}$

1 1 3 6 7

Tipp $\frac{\square}{5} : \frac{1}{6} = \frac{\square}{5} \cdot \frac{6}{1} = \frac{\square \cdot 6}{5 \cdot 1}$

14 Jeder schreibt 4 natürliche Zahlen ins Heft.
Bilde mit den Zahlen deines Partners eine Division mit 2 Brüchen.

a) möglichst großes Ergebnis b) möglichst kleines Ergebnis

Tipp 2 3 5 7 $\frac{7}{2} : \frac{3}{5} = \frac{7}{2} \cdot \frac{5}{3} = \frac{35}{6}$ $\frac{3}{5} : \frac{7}{2} = \frac{3}{5} \cdot \frac{2}{7} = \frac{6}{35}$

Dezimalzahlen

In diesem Kapitel lernst du, …

→ was Dezimalzahlen sind.
→ Dezimalzahlen zu vergleichen und Dezimalzahlen am Zahlenstrahl darzustellen.
→ Dezimalzahlen zu runden.
→ Brüche in Dezimalzahlen umzurechnen.
→ was Prozentangaben mit Brüchen und Dezimalzahlen zu tun haben.

Nino trainiert schon seit eineinhalb Jahren Parkour. Das ist ein Sport, bei dem man auf dem schnellsten Weg zum Ziel kommen muss. Dabei gibt es verschiedene Hindernisse. Nino kann schon über 0,8 m hohe Zäune springen und auf 1,65 m hohe Mauern klettern. Seine Bestzeit für die Trainingsstrecke ist 85,5 s. Wie hoch kannst du springen?

ANWENDEN

1 Beschreibt die Bilder. Was bedeuten die Dezimalzahlen?

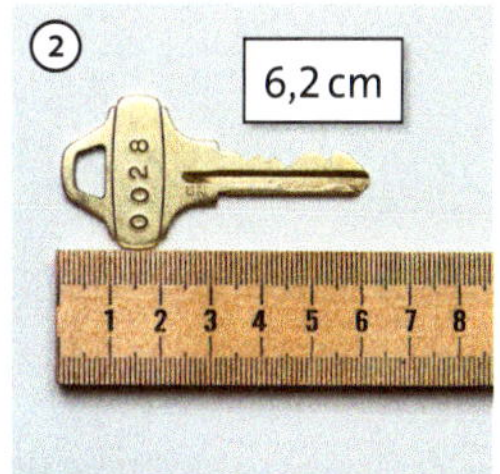

2 Schreibe als Dezimalzahl.

a) fünf Komma vier
b) drei Komma eins zwei
c) null Komma fünf drei neun
d) zwanzig Komma null eins

Tipp

3 Diktiert euch die Dezimalzahlen.
Einer liest die Zahlen vor, der andere schreibt sie auf.

a) 3,72 b) 8,458 c) 19,905 d) 75,001 e) 182,719 f) 0,005 03

4 Welche Zahl ist hier dargestellt?
Tipp zu c) 0 Punkte bei z

	E	z	h
a)	● ,	●●●●	●●●
b)	●●● ,	●●●●● ●●	●●●●
c)	● ,		●●

Tipp

E	z	h	
●● ,	●●●●	●●●	= 2,43

Hinweis
Nullen am Ende kann man weglassen:
3,50 = 3,5
In der Mitte geht das nicht:
4,05 ≠ 4,05

5 Schreibe als Dezimalzahl und als Bruch.

	E	z	h
a)	1 ,	6	2
b)	9 ,	0	5
c)	0 ,	4	0

Tipp

E	z	h	
3 ,	5	6	$= 3{,}56 = 3\frac{56}{100}$

2 Nachkommastellen, also **100** mit 2 Nullen

6 Übertrage die Stellenwerttafel ins Heft.
Trage die Dezimalzahlen ein.

Z	E	z	h	t
	,			

a) 16,459 b) 6,827 c) 0,118
d) 31,45 e) 8,6 f) 0,77

Tipp Achte auf das Komma
zu b) 6,827 Das ist falsch:

Z	E	z	h	t
~~6~~	~~8~~ ,	~~2~~	~~7~~	

7 Übertrage die Tabelle ins Heft und ergänze sie.

	Z	E	z	h	t	Dezimalzahl	Sprechweise	Bruch
a)		,				0,35		
b)	6	4 ,	2	0	1			
c)		,					elf Komma Null drei	
d)		,						$13\frac{39}{100}$

8 Schreibe als Bruch.

a) 0,6 b) 0,7 c) 0,25
d) 0,85 e) 0,123 f) 1,06

Tipp $0{,}914 = \frac{914}{1000}$

3 Nachkommastellen, also **1000** mit 3 Nullen

9 Welche Zahlen gehören zusammen? Begründe.

0,008 | $\frac{5}{100}$ | 0,500 | 0,08 | $\frac{5}{1000}$ | $\frac{8}{10}$ | 0,800 | $\frac{5}{10}$

$\frac{8}{100}$ | 0,005 | 0,05 | 0,5 | $\frac{8}{1000}$ | 0,080 | 0,8

Info **Achte auf die Nullen.**
Manchmal musst du zusätzliche Nullen ergänzen.

$\frac{5}{100} = 0{,}05$ — **100** mit 2 Nullen, also 2 Nachkommastellen

$\frac{4}{1000} = 2{,}004$ — **1000** mit 3 Nullen, also 3 Nachkommastellen

10 Schreibe als Dezimalzahl.
Tipp Achte auf die Nullen.

a) $\frac{4}{100}$ b) $\frac{16}{1000}$
c) $\frac{2}{1000}$ d) $7\frac{8}{100}$
e) $13\frac{12}{1000}$ f) $27\frac{5}{1000}$

11 Schreibe als Dezimalzahl.

a) 5 Zehntel
b) 3 Einer, 7 Zehntel
c) 4 Zehner, 3 Einer, 4 Zehntel
d) 0 Einer, 8 Zehntel, 2 Hundertstel

Tipp Trage die Dezimalzahlen in eine Stellenwerttafel ein:
Z bedeutet Zehner. E bedeutet Einer.
z bedeutet Zehn**tel**.
h bedeutet Hundert**stel**.

12 Schreibe als Dezimalzahl.

a) $\frac{54}{100}$ b) $7 + \frac{6}{10}$
c) $14 + \frac{17}{100}$ d) $3 + \frac{209}{1000}$
e) $\frac{6}{10} + \frac{3}{100}$ f) $1 + \frac{7}{10} + \frac{8}{100}$

Tipp $2 + \frac{1}{10} + \frac{1}{100} = 2{,}11$

Z	E	z	h	t
	2 ,	1	1	

13 Bei Größen haben die Nachkommastellen eine besondere Bedeutung.
Erklärt die Bedeutung. dm | cm | mℓ | km | g | mm

a)

b)

c)

d)
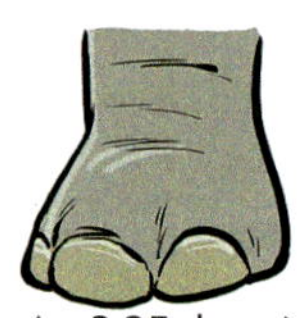

14 Schreibe ohne Dezimalzahlen.
Tipp Rechne in die nächstkleinere Einheit um.

Die Giraffe Berta ist 6,71 m groß.
Sie wiegt 801,700 kg.
Die Giraffe frisst jeden Tag 32,500 kg Blätter
und trinkt nur 5,1 ℓ Wasser.
Sie ist 4,5 Jahre alt.

Tipp Vorsicht bei der Angabe in Jahren.

ANWENDEN

1 Auf welche Zahlen zeigen die Pfeile?

a)
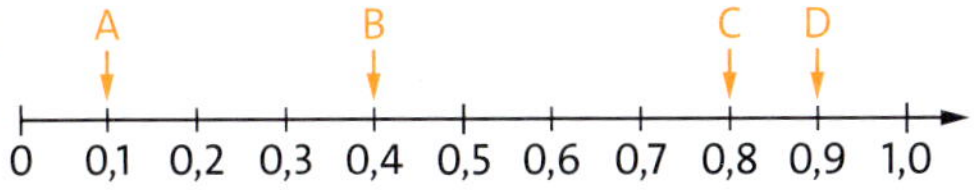

b)
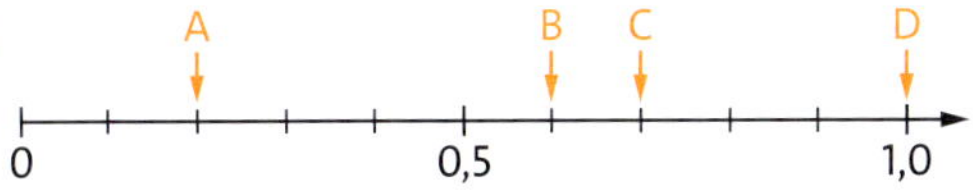

Tipp Die Zahlen unter dem Zahlenstrahl teilen den Zahlenstrahl gleichmäßig ein.
a) Lies die Zahlen ab.
b) Ergänze die Beschriftung und lies ab.

2 Beschreibe die Einteilung des Zahlenstrahls. Auf welche Zahlen zeigen die Pfeile?
Tipp Der Zahlenstrahl beginnt nicht bei Null.

a)
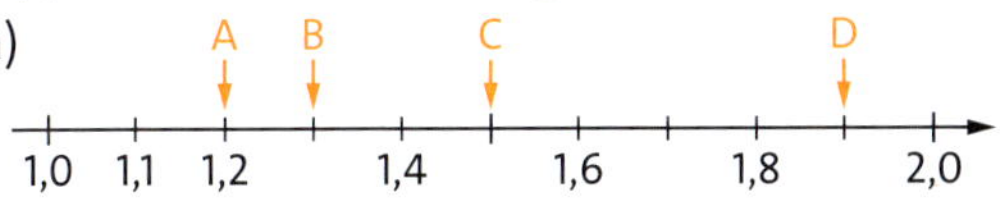

b)
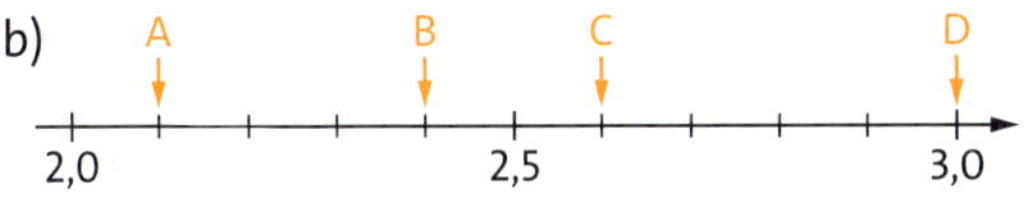

Tipp
① Der Zahlenstrahl zählt in ■er-Schritten.
② Die gesuchte Zahl steht zwischen ■ und ■.
③ Zähle weiter: Genau ■ Schritte danach. Also ist die gesuchte Zahl ■.

3 Übertrage den Zahlenstrahl ins Heft.
Trage die Zahlen ein.

a) 0,2; 0,3 und 0,4
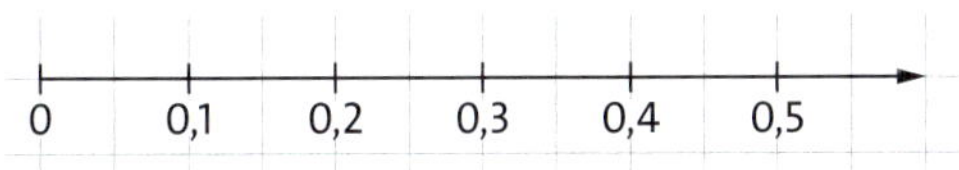

b) 0,1; 0,5 und 0,9
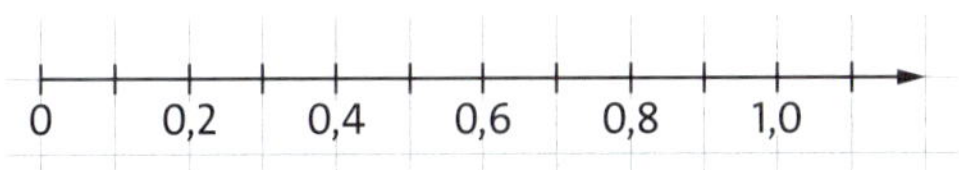

Tipp Achte auf die Kästchen.

4 Einen Zahlenstrahl zeichnen
① Zeichne einen 10 cm langen Zahlenstrahl.
Beschrifte ihn: am Anfang mit 0
am Ende mit 1,0
② Trage die Zahlen ein: 0,6; 0,8; 0,1; 0,4

Tipp in gleichen Schritten einteilen:
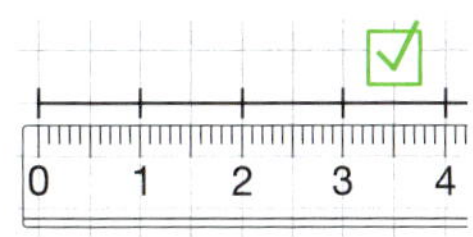

Methode Dezimalzahlen mit mehr Nachkommastellen am Zahlenstrahl
Um Zahlen mit mehr Nachkommastellen auf einen Zahlenstrahl einzutragen, muss man den Zahlenstrahl feiner einteilen.

5 Wie wurde der Zahlenstrahl verfeinert?
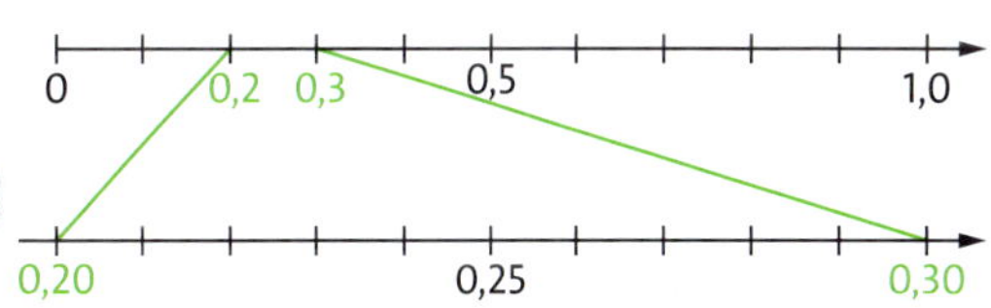

6 Übertrage ins Heft und ergänze die Beschriftung.
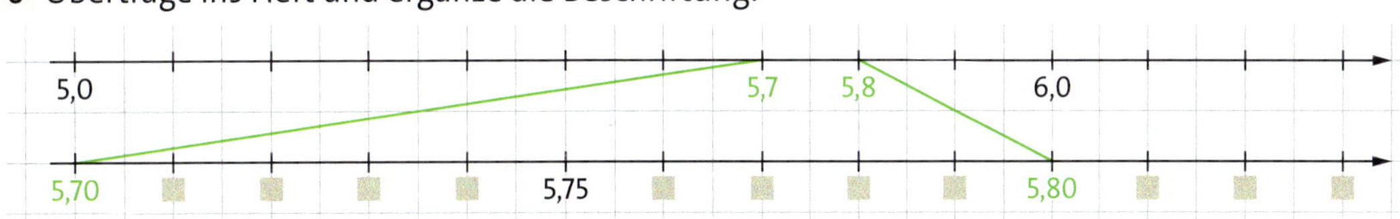

7 Beschreibe die Einteilung des Zahlenstrahls. Auf welche Zahlen zeigen die Pfeile?

a)
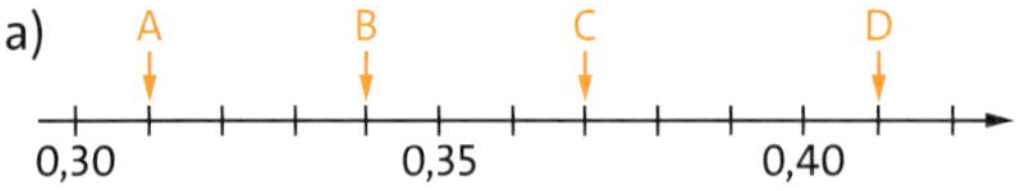

b)

Tipp
① Der Zahlenstrahl zählt in ▒er-Schritten.
② Die gesuchte Zahl steht zwischen ▒ und ▒.
③ Zähle weiter: Genau ▒ Schritte danach. Also ist die gesuchte Zahl ▒.

8 Welcher Fehler wurde hier gemacht? Berichtige im Heft.

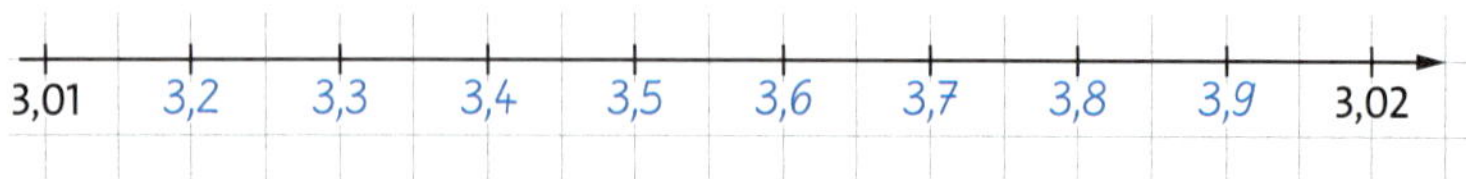

9 Zeichne einen 10 cm langen Zahlenstrahl.
Beschrifte ihn: am Anfang mit **2,7**
am Ende mit **2,8**
Trage die Zahlen ein: **2,72**; **2,83**; **2,75**; **2,78**

Tipp Beschrifte den Zahlenstrahl: 2 Kästchen sind 0,01-Schritte.

10 Ordne die Kinder nach ihrer Größe. Beginne mit dem kleinsten Kind.

Tipp Zeichne einen Zahlenstrahl und trage die Größen ein.

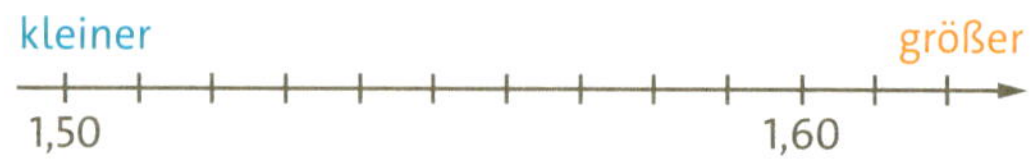

Nachgedacht
Ben sagt: „2,29999 ist größer als 2,3, weil 2,29999 mehr Zahlen hinter dem Komma hat.“ Was sagst du dazu?

11 Kleiner als <, größer als > oder gleich =?
Tipp Bei g) und h) musst du Nullen ergänzen.

a) 2,1 ▒ 2,3 b) 0,600 ▒ 0,6
c) 0,914 ▒ 0,941 d) 0,710 ▒ 0,7100
e) 4,539 ▒ 4,51 f) 9,01 ▒ 9,001
g) 1,6 ▒ 1,62 h) 2,579 ▒ 2,5

Tipp Vergleiche stellenweise:
▒, ▒▒▒ ▒ ▒, ▒▒▒
erst die Ganzen, dann die Zehntel, die Hundertstel und dann die Tausendstel.

12 Welche Ziffern kann man einsetzen?
a) 3,6▒ > 3,64
b) 0,751 < 0,▒93

0 1 2 3 4 5 6 7 8 9

Tipp Setze die Ziffern nacheinander ein und prüfe, ob das Zeichen > oder < stimmt.

13 Klara behauptet:
„Zwischen 0,5 und 0,6 gibt es keine Zahlen mehr.“ Stimmt das?

Tipp

14 Welches Preisschild gehört zu welcher Wassermelone? Begründet eure Antwort.

3,64 € 3,20 € 2,40 € 1,40 € 2,71 €

ANWENDEN

1 Runde auf Zehntel.

a) 2,43 b) 6,678
c) 7,599 d) 8,05
e) 0,229 f) 1,981

Tipp ① Die Rundungsstelle ist Zehntel.
② Ziffer rechts davon:
bei 0; 1; 2; 3 oder 4 abrunden
bei 5; 6; 7; 8 oder 9 aufrunden

2 Runde die Preise auf ganze Euro.
Tipp 1 € 75 ct ≈ 2 €

7,99 € 12,49 € 101,50 € 29,29 €

Tipp Die Ziffer nach dem € entscheidet, ob du aufrunden oder abrunden musst.

3 Runde.

a) 25,49 € auf € b) 7,2 cm auf cm
c) 16,7 kg auf kg d) 9,913 m auf m

Tipp Das bedeuten die Abkürzungen:
€: Euro cm: Zentimeter
kg: Kilogramm m: Meter

4 Michel soll auf Hundertstel runden.
Finde die Fehler und berichtige sie.

a) 0,425 ≈ 0,43
b) 12,962 ≈ 12,97
c) 3,495 ≈ 3,49
d) 9,379 ≈ 9,48

Tipp auf Hundertstel runden:
Welche Stelle ist die Rundungsstelle?
Welche Ziffer entscheidet?

5 Das Ergebnis beim Runden ist 3,5.
Für welche Dezimalzahlen kann das sein?

3,49 3,57111 3,52 3,506 3,41 5,39 3,52

Tipp Welche Stelle ist die Rundungsstelle gewesen?

6 So viele Einwohner haben diese Städte.

a) Schreibe die Einwohnerzahlen in Millionen mit einer Nachkommastelle.
Was fällt dir auf?
b) Ordne die Einwohnerzahlen nach ihrer Größe:
einmal vor dem Runden,
einmal die gerundeten Zahlen.
Was fällt dir auf?

Berlin	3 644 826	Magdeburg	238 697
Bremen	569 352	Mainz	217 118
Dresden	554 649	München	1 471 508
Düsseldorf	619 294	Potsdam	178 089
Erfurt	213 699	Saarbrücken	180 741
Hamburg	1 841 179	Schwerin	102 878
Hannover	538 068	Stuttgart	634 830
Kiel	247 548	Wiesbaden	278 342

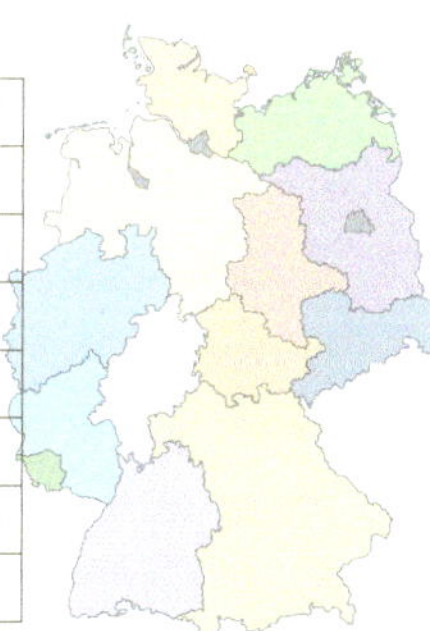

Zum Weiterarbeiten
Das sind die Hauptstädte der Bundesländer in Deutschland.
Suche die Einwohnerzahlen der Bundesländer in einem Lexikon oder im Internet und runde sie sinnvoll.

7 Welche Aussage ist am sinnvollsten?

a) Die Wanderung ist ungefähr ▢ km lang.
5,147 km 5,14 km 5 km
b) Zum Backen eines Kuchens braucht man ▢ g Mehl.
474 g 500 g 470 g

Tipp Ist es wichtig, wie lang die Wanderung genau ist?
Ist es wichtig, wie viel Mehl man genau beim Backen verwendet?

ANWENDEN

1 Schreibe als Dezimalzahl.

a) $\frac{8}{10}$ b) $\frac{54}{100}$

c) $\frac{125}{1000}$ d) $\frac{336}{1000}$

e) $\frac{9}{100}$ f) $\frac{7}{1000}$

Tipp Wie viele Nullen hat die Stufenzahl im Nenner?

2 Rechne den Bruch in eine Dezimalzahl um.
Tipp Erweitere mit der angegebenen Zahl.

a) $\frac{5}{2} \overset{\cdot 5}{\underset{\cdot 5}{=}} \frac{\square}{10}$

b) $\frac{17}{50} \overset{\cdot 2}{\underset{\cdot 2}{=}} \frac{\square}{100}$

c) $\frac{77}{500} \overset{\cdot 2}{\underset{\cdot 2}{=}} \frac{\square}{1000}$

d) $\frac{100}{250} \overset{\cdot 4}{\underset{\cdot 4}{=}} \frac{\square}{1000}$

Tipp mit 4 erweitern bedeutet: Nenner und Zähler mit 4 multiplizieren

$\frac{6}{25} \overset{\cdot 4}{\underset{\cdot 4}{=}} \frac{\square}{100} = \frac{24}{100} = 0{,}24$

3 Rechne den Bruch in eine Dezimalzahl um.
Tipp Erweitere auf den Nenner.

a) $\frac{2}{5} = \frac{\square}{10}$

b) $\frac{9}{20} = \frac{\square}{100}$

c) $\frac{8}{25} = \frac{\square}{100}$

d) $\frac{10}{500} = \frac{\square}{1000}$

Tipp Mit welcher Zahl muss man erweitern, um auf den Nenner Zehntel zu kommen?

$\frac{2}{5} = \frac{\square}{10}$

Hinweis
Diese Brüche kommen sehr häufig vor. Lerne die Brüche und die Dezimalzahlen dazu auswendig.

4 Rechne die Angaben in eine Dezimalzahl um. Beschreibe dein Vorgehen.

$\frac{1}{2}$ ℓ

$\frac{1}{5}$ kg

$\frac{1}{4}$ m

$\frac{3}{4}$ ℓ

$\frac{1}{10}$ dm

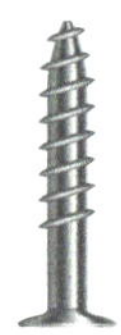

$\frac{1}{8}$ kg

$\frac{1}{100}$ €

5 Rechne den Bruch in eine Dezimalzahl um.

Tipp Kürze mit der angegebenen Zahl.

a) $\frac{4}{20} \overset{:2}{\underset{:2}{=}} \frac{▢}{10}$

b) $\frac{15}{500} \overset{:5}{\underset{:5}{=}} \frac{▢}{100}$

c) $\frac{77}{700} \overset{:7}{\underset{:7}{=}} \frac{▢}{100}$

d) $\frac{3}{3000} \overset{:3}{\underset{:3}{=}} \frac{▢}{1000}$

Tipp mit 4 kürzen bedeutet: Nenner und Zähler durch 4 dividieren

$\frac{32}{40} \overset{:4}{\underset{:4}{=}} \frac{▢}{10} = \frac{8}{10} = 0{,}8$

6 Rechne den Bruch in eine Dezimalzahl um.

Tipp Kürze auf den Nenner.

a) $\frac{15}{50} = \frac{▢}{10}$

b) $\frac{40}{200} = \frac{▢}{100}$

c) $\frac{24}{600} = \frac{▢}{100}$

d) $\frac{666}{6000} = \frac{▢}{1000}$

Tipp Mit welcher Zahl muss man kürzen, um auf den Nenner Zehntel zu kommen?

$\frac{15}{50} = \frac{▢}{10}$

7 Rechne den Bruch in eine Dezimalzahl um.

Tipp zu a) bis c): Erweitere den Bruch.
zu d) bis f): Kürze den Bruch.

a) $\frac{3}{5}$ b) $\frac{11}{25}$ c) $\frac{56}{500}$

d) $\frac{27}{30}$ e) $\frac{64}{800}$ f) $\frac{248}{2000}$

Tipp zu a) bis d): Erweitere auf den Nenner 10, 100 oder 1000.
zu e) bis h): Kürze auf den Nenner: 10, 100 oder 1000.

8 Schreibe das Rezept mit Dezimalzahlen. Beschreibe dein Vorgehen.

Fruchtschorle
$\frac{1}{2}$ ℓ Wasser
$\frac{1}{10}$ ℓ Fruchtkonzentrat
$\frac{1}{4}$ Zitrone
$\frac{1}{5}$ kg Erdbeeren

Tipp Erweitere oder kürze auf den Nenner: 10, 100 oder 1000.

9 Rechne den Bruch in eine Dezimalzahl um.

Tipp Dividiere schriftlich: Zähler : Nenner

a) $\frac{1}{5}$ b) $\frac{4}{5}$

c) $\frac{3}{4}$ d) $\frac{1}{8}$

e) $\frac{11}{22}$ f) $\frac{15}{25}$

Tipp Ergänze Komma und Nullen: 1 = 1,0000

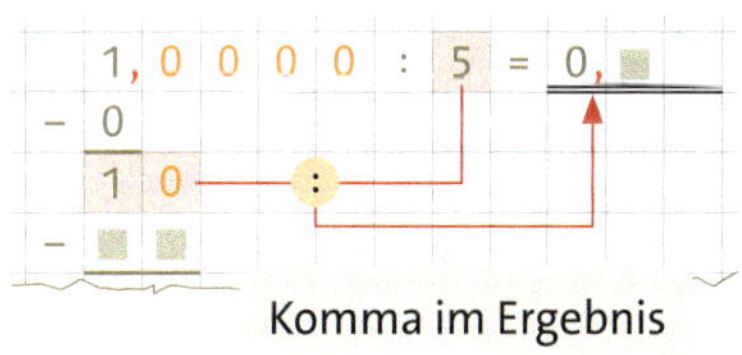

10 Ein 7 m langes Seil wird in 8 gleich lange Stücke geschnitten. Wie lang ist jedes Seilstück?

Tipp Dividiere schriftlich.

Tipp gegeben: …
gesucht: …
Rechnung: …
Antwortsatz: … Vergiss die Einheit nicht.

11 Schreibe als Dezimalzahl. Vergleicht euer Vorgehen.

$\frac{3}{8}$ $\frac{19}{20}$ $2\frac{3}{10}$ $\frac{3}{15}$ $\frac{7}{16}$

Methode Periodische Dezimalzahlen

Dividiert man den Zähler durch den Nenner, entsteht manchmal immer wieder derselbe Rest.
Der Rest wiederholt sich. Dann wiederholt sich auch die Ziffer im Ergebnis.
Diese Dezimalzahlen heißen **periodische Dezimalzahlen**.

Beispiel 1

	1	:	3	=	0,	3	3	3	…	=	$0{,}\overline{3}$
−	0										
	1	0									
−		9									
		1	0								
	−		9								
			1	0							
		−		9							
				1	0						

10 : 3 = 3 Rest 1
Der Rest 1 wiederholt sich, also wiederholt sich auch die Nachkommastelle 3 im Ergebnis.

$0{,}333\ldots = 0{,}\overline{3}$ Null Komma Periode 3

Beispiel 2

	2	:	1	1	=	0,	1	8	1	8	…	= $0{,}\overline{18}$
−	0											
	2	0										
−	1	1										
		9	0									
	−	8	8									
			2	0								
		−	1	1								
				9	0							

20 : 11 = 1 Rest 9 90 : 11 = 8 Rest 2
Die Reste 9 und 2 wiederholen sich, also wiederholen sich auch die Nachkommastellen 1 und 8 im Ergebnis.

$0{,}1818\ldots = 0{,}\overline{18}$ Null Komma Periode 18

ANWENDEN

1 Lies die periodischen Dezimalzahlen vor und schreibe mit den Wiederholungen.

Tipp $0{,}\overline{1} = 0{,}111\ldots$ Null Komma Periode 1 $0{,}\overline{72} = 0{,}7272\ldots$ Null Komma Periode 72

a) $0{,}\overline{4}$ b) $0{,}\overline{32}$ c) $8{,}\overline{987}$ d) $0{,}\overline{02}$ e) $0{,}8\overline{5}$ f) $13{,}\overline{5421}$

2 Übertrage ins Heft und dividiere schriftlich.
Tipp Rechne solange, bist du eine Wiederholung bei den Resten erkennst.

	2	:	3	=	0,	■	■	■	…	= $0{,}\overline{6}$
−	0									

Tipp Welcher Rest wiederholt sich immer? Welche Nachkommastelle wiederholt sich im Ergebnis?

3 Rechne den Bruch in eine Dezimalzahl um.
Tipp Bei a) bis c) wiederholt sich eine Ziffer, bei d) bis f) wiederholen sich zwei Ziffern.

a) $\frac{1}{6}$ b) $\frac{5}{6}$ c) $\frac{7}{9}$
d) $\frac{3}{11}$ e) $\frac{6}{11}$ f) $\frac{7}{30}$

Tipp Dividiere schriftlich: den Zähler durch den Nenner.

4 Runde die periodischen Dezimalzahlen.
a) auf eine Nachkommastelle: $0{,}\overline{2}$; $0{,}\overline{8}$
b) auf zwei Nachkommastellen: $0{,}\overline{75}$; $3{,}\overline{1}$

Tipp Schreibe erst mit den Wiederholungen: $0{,}\overline{2} = 0{,}2222\ldots$

5 Kleiner als < oder größer als > ?
a) $2{,}\overline{1}$ ■ 2,1 b) 5,1 ■ 3,6
c) $4{,}\overline{7}$ ■ $4{,}\overline{8}$ d) $0{,}\overline{19}$ ■ 0,2

Tipp Schreibe erst mit den Wiederholungen: zu a) 2,1111… ■ 2,1

ANWENDEN

1 Schreibe als Bruch mit dem Nenner 100, als Dezimalzahl und in Prozent.

Tipp zu a) 25 von 100

a) 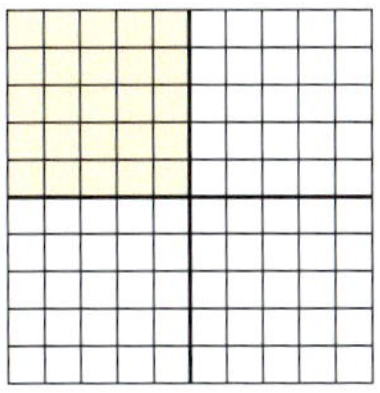

b) 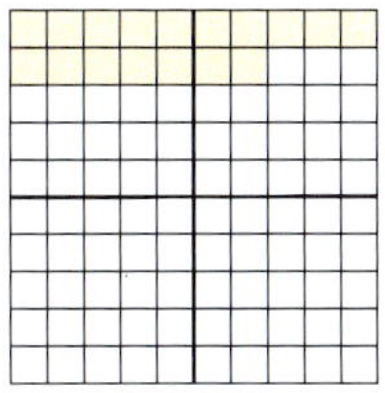

c) 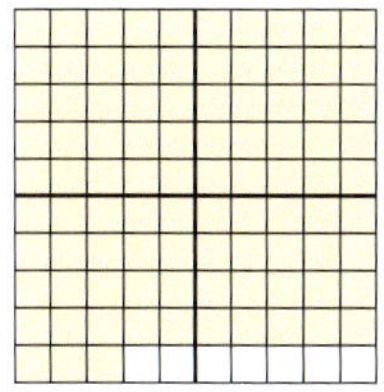

d) 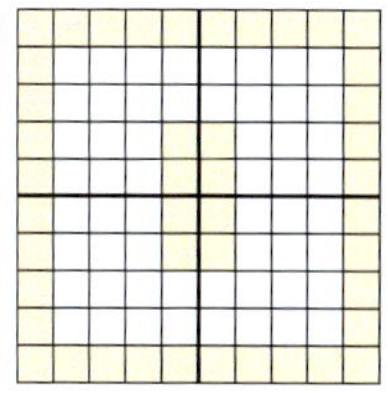

2 Schreibe in Prozent.

a) $\frac{5}{100}$ = □ % b) $\frac{12}{100}$ = □ % c) $\frac{25}{100}$ = □ %

Tipp Brüche mit dem Nenner 100 kann man sofort in Prozent schreiben.

3 Schreibe als Bruch.

a) 10 % b) 30 % c) 50 %

Tipp 19 % = $\frac{19}{100}$

4 Schreibe in Prozent.

a) Erweitere auf den Nenner 100:

① $\frac{12}{50}$ ② $\frac{8}{10}$

b) Kürze dafür auf den Nenner 100:

① $\frac{80}{800}$ ② $\frac{54}{600}$

Tipp
Erweitern heißt: Zähler und Nenner mit derselben Zahl zu multiplizieren.
Kürzen heißt: Zähler und Nenner durch dieselbe Zahl zu dividieren.

Nachgedacht
Max behauptet: 0,02 sind 20% Was sagst du dazu?

5 Schreibe als Bruch und in Prozent.

a) 0,78 = $\frac{□}{100}$ = □ % b) 0,45 = $\frac{□}{100}$ = □ %

Tipp 0,19 = $\frac{19}{100}$ = 19 %

6 Übertrage und ergänze die Tabelle.

	Prozent	Bruch	Dezimalzahl
a)	12 %		
b)	75 %		
c)	5 %		

Tipp Vorsicht bei c)

5 % = $\frac{5}{100}$ = ~~0,5~~ Das ist falsch!

7 Schreibe als Bruch, als Dezimalzahl und in Prozent.

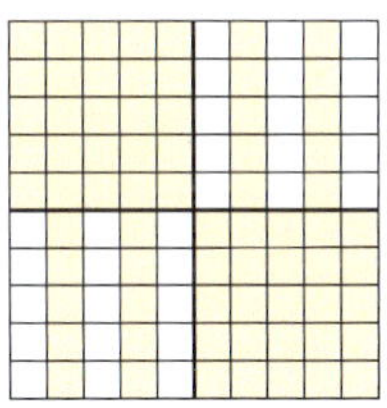

Tipp Wie viele Kästchen sind orange? Wie viele Kästchen sind es insgesamt?

8 35 % aller Mädchen fahren mit dem Bus zur Schule. Bei den Jungen fahren 25 von 100 mit dem Bus.
Vergleiche mit Prozentangaben.

Tipp Schreibe 25 von 100 Jungen in Prozent.

9 Ein Blumenbeet ist zu 25 % mit roten Tulpen bepflanzt, zur Hälfte mit gelben Tulpen und drei Viertel mit weißen. Was sagt ihr dazu?

Daten und Zufall

In diesem Kapitel lernst du, …

→ Informationen zu vergleichen.
→ wie man den Durchschnitt berechnet.
→ wie man einen anderen Mittelwert, den Median, berechnet.
→ absolute und relative Häufigkeit kennen.
→ Wahrscheinlichkeiten kennen.

Daten gibt es überall.
Man kann sie sammeln, vergleichen und auf verschiedene Weise darstellen.
Vergleiche das Alter, das Gewicht und die Größe der Wellensittiche.
Welche Daten kann man für die Wellensittiche außerdem noch sammeln?
Welche Daten gibt es über dich?

ANWENDEN

1 Tiere im Tropenhaus

10 Fledermäuse | 50 Frösche | 35 Schildkröten | 20 Erdmännchen

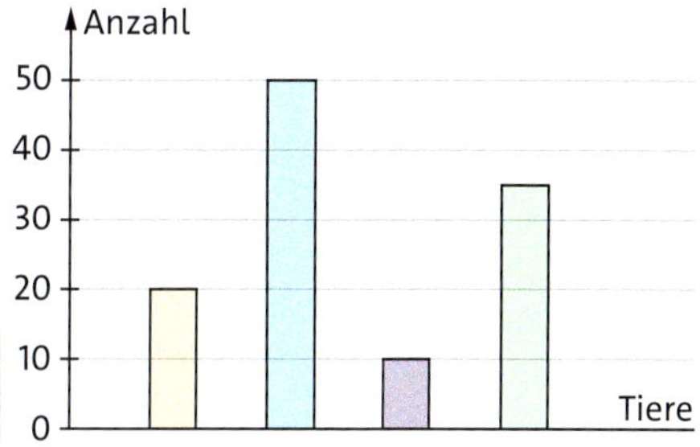

a) Ordne die Tiere den Säulen zu.
b) Welches Tier kommt am häufigsten vor?
c) Welches Tier kommt am seltensten vor?
d) Wie groß ist der Unterschied zwischen den häufigsten und den seltensten Tieren?

2 Lieblingseis der Klasse 6 c:

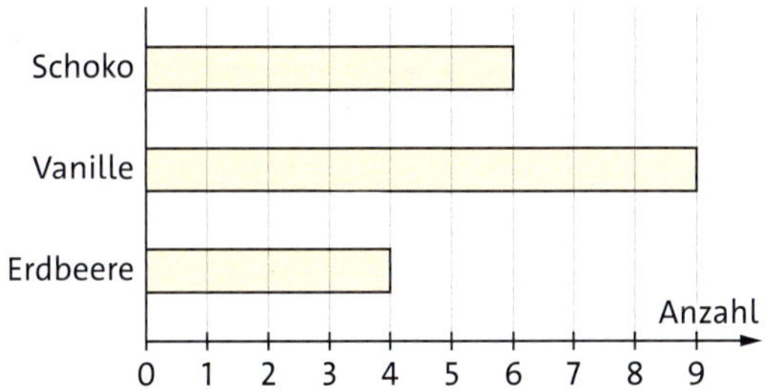

a) Was ist das für ein Diagramm?
Tipp Säulendiagramm, Balkendiagramm oder Kreisdiagramm?
b) Lies das Maximum ab. → längster Balken
c) Lies das Minimum ab. → kürzester Balken
d) Berechne die Spannweite.

Tipp Anzahlen ablesen

3 Tiere im Zoo
a) Welche Art von Diagramm ist das?
b) Lies Minimum und Maximum ab.
c) Berechne die Spannweite.

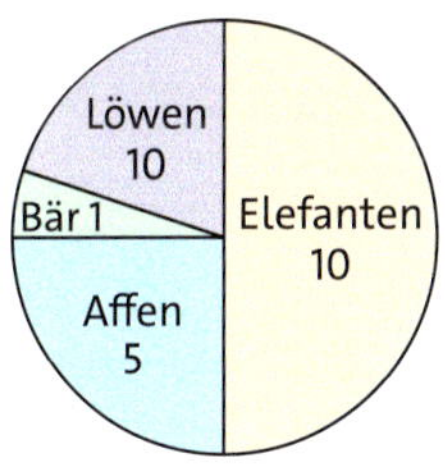

Tipp
zu a) Säulendiagramm, Balkendiagramm oder Kreisdiagramm?
zu b) Minimum = kleinster Kreisteil
Maximum = größter Kreisteil
zu c) Spannweite = Maximum – Minimum

4 So kommen die Schüler zur Schule:

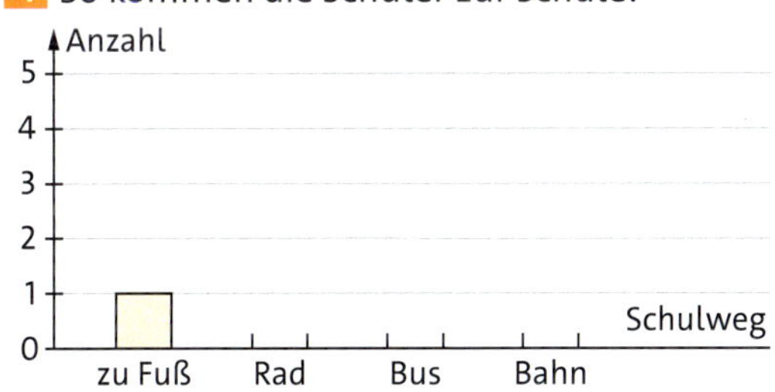

Schulweg	zu Fuß	Rad	Bus	Bahn
Anzahl	1	5	3	4

a) Ergänze die fehlenden Säulen im Heft.
b) Lies Minimum und Maximum ab.
c) Berechne die Spannweite.

Tipp Das Säulendiagramm hat 4 Säulen.
Wie hoch muss die Säule für Rad werden?
Wie hoch muss die Säule für Bus werden?
Wie hoch muss die Säule für Bahn werden?

5 Hobbys der Klasse 6 b:
Lena hat eine Strichliste und ein Säulendiagramm gezeichnet.
Dann hat Lena die Kennwerte bestimmt.

Hobby	*Fußball*	*Turnen*	*Golf*	*Reiten*	*Lesen*
Anzahl	IIII	III	III	II	IIIIIIII

Kennwerte *Das Maximum ist Lesen: 8*
Das Minimum ist Fußball: 4
Die Spannweite ist 8 – 4 = 4.

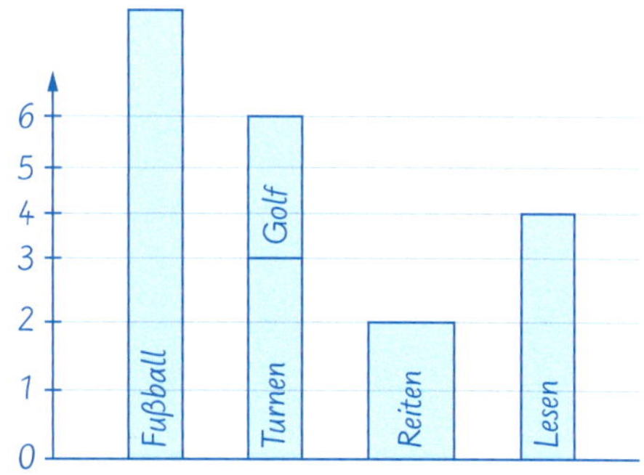

Lena hat einige Fehler gemacht. Beschreibe die Fehler. Berichtige sie im Heft.

6 Abstimmung zum Klassenausflug:

Museum	*4 Stimmen*
Kletterpark	*15 Stimmen*
Schwimmbad	*1 Stimme*
Zoo	*10 Stimmen*

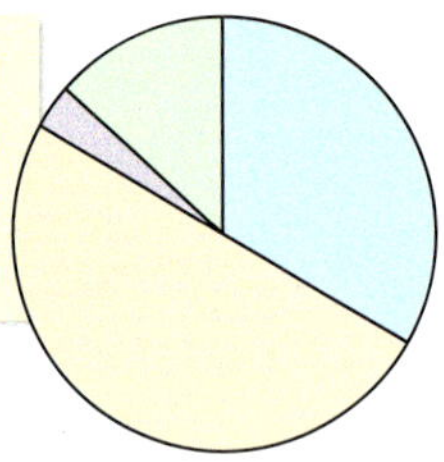

a) Welche Farbe gehört zu welchem Ausflug?
b) Richtig oder falsch? Begründe.
① Die Klasse fährt in den Zoo.
② Das Museum hat 4 von 32 Stimmen.
③ Die Hälfte möchte ins Schwimmbad.

Tipp Ordne die Ausflüge nach der Anzahl der Stimmen:
die meisten Stimmen → der größte Kreisteil
weniger Stimmen → der kleinere Kreisteil
noch weniger Stimmen → der noch kleinere Kreisteil
die wenigsten Stimmen → der kleinste Kreisteil

Methode Werte im Kreisdiagramm
Mit einem Kreisdiagramm kann man gut Anteile darstellen:
$\frac{3}{4}$ von 100 Befragten haben mit „ja“ geantwortet.
Die Anzahl kann man dann berechnen:
$\frac{3}{4}$ von 100 = 75

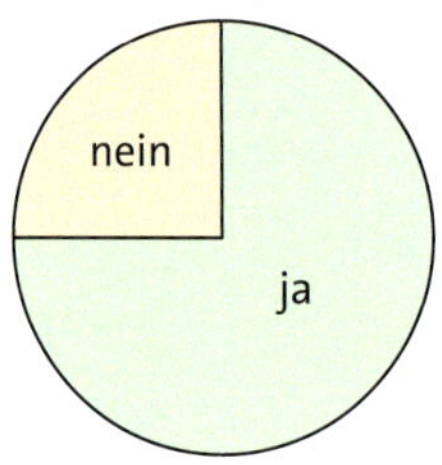

7 300 Schüler wurden befragt:
„Hast du einen Bruder?“
Berechne die Anzahl an Antworten.
a) Berechne den grünen Anteil: $\frac{2}{3}$ von 300
b) Berechne den orangen Anteil: $\frac{1}{3}$ von 300

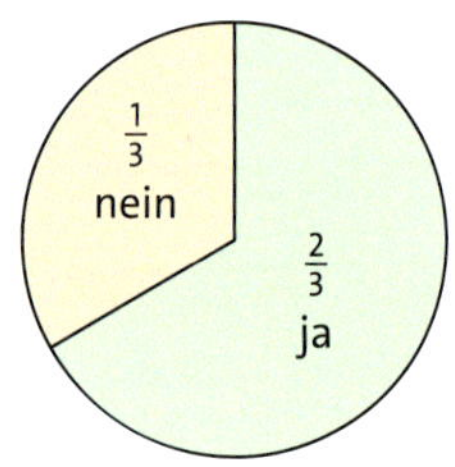

8 12 Personen wurden befragt:
„Was ist deine Lieblingsfarbe?“
a) Ordne die Anteile den Farben zu.

$\frac{1}{2}$ $\frac{1}{4}$ $\frac{1}{4}$

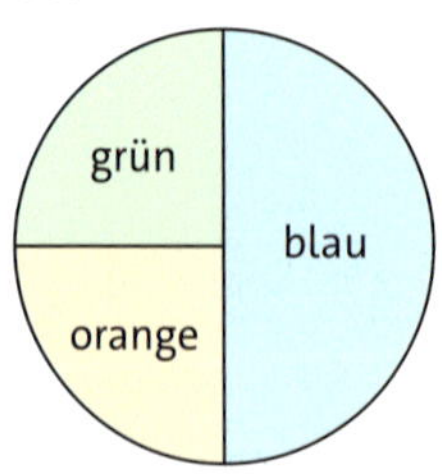

b) Wie viele Personen haben blau als Lieblingsfarbe?
c) Drei Befragte haben als Lieblingsfarbe Grün angegeben. Stimmt das? Begründe.

Tipp
$\frac{1}{2}$ von 12
$\frac{1}{4}$ von 12

Methode Kreisdiagramme zeichnen

Mit einem Kreisdiagramm kann man gut Anteile darstellen:
50 von 100 Kindern sind die **Hälfte**. Man zeichnet im Kreis die Hälfte ein.
25 von 100 Kindern sind ein **Viertel**. Man zeichnet im Kreis ein Viertel ein.
Aber welchen Anteil zeichnet man für 20 von 120 Kindern in einem Kreisdiagramm?

Beispiel 1 Wer ist der beste Handballer im Verein?

Tobias	Alexander	Maximilian
20 Stimmen	30 Stimmen	70 Stimmen

① Plane ausreichend Platz in deinem Heft ein.
Markiere den Mittelpunkt M und zeichne um M einen Kreis.
② Berechne die Gesamtzahl: 20 + 30 + 70 = 120
③ Berechne die Winkelgröße für eine Stimme: 360° : 120 = 3°
④ Berechne die Winkelgröße für 20 Stimmen: 3° · 20 = 60°
⑤ Zeichne den Winkel im Kreis ein. Beschrifte den Kreisteil.
Berechne dann den nächsten Winkel und zeichne den Kreisteil ein.

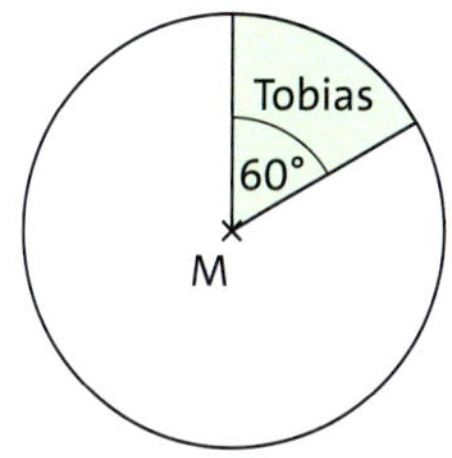

ANWENDEN

1 Übertrage das Kreisdiagramm von Beispiel 1 ins Heft und ergänze die Kreisteile für Maximilian und Alexander.

2 Lieblingsfrühstück

Müsli	Brot	Obst
10	60	50

Zeichne dazu ein Kreisdiagramm.

Tipp So legst du das Geodreieck an.

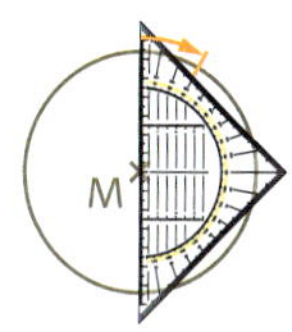

Nachgedacht
Mesut sagt: „Ich berechne den letzten Winkel nie." Erkläre, was er damit meint.

3 Haustiere:

30 Hunde

80 Kleintiere

70 Katzen

Zeichne dazu ein Kreisdiagramm.
Tipp Berechne erst den Winkel für 30 Hunde.

Tipp Berechne erst die Gesamtzahl, dann die Winkelgröße für eine Stimme und dann die Winkelgröße für die 30 Hunde.

4 Berechne die Winkelgröße für ein Kreisdiagramm: 20 von 120 Kindern

Pia sagt: „Das berechne ich kürzer."
$\frac{360°}{120} \cdot 20 = 3° \cdot 20 = 60°$

Thomas sagt: „Das rechne ich anders."
$\frac{20}{120} \cdot 360° = \frac{1}{6} \cdot 360° = 60°$

a) Erklärt, wie Pia und Thomas gerechnet haben.
b) Berechne die Winkelgröße einmal wie Pia und einmal wie Thomas.
① 60 von 120 ② 30 von 120 ③ 25 von 100 ④ 40 von 50

5 Punkte beim Kartenspiel:

Marvin: 28

Umut: 13

Samira: 24

Petra: 25

Zeichne dazu ein Kreisdiagramm.

Tipp Gesamtzahl: 28 + 24 + 13 + 25 = ▒

Methode Diagramme mit dem Computer zeichnen

Diagramme können auch mit einem Computerprogramm gezeichnet werden.
Dafür gibt es verschiedene Programme zur **Tabellenkalkulation**.
Mit der Tabellenkalkulation kannst du verschiedene Diagramme auswählen und dein Diagramm einfach verändern.

① Daten eintragen
Übertrage die Daten in eine Tabellenkalkulation.

	A	B	C
1	**Lehrer**	**Stimmen**	
2	Herr Richter	48	
3	Frau Müller	21	
4	Frau Taniyan	36	
5	Herr Jahn	11	

② Daten markieren
Drücke dazu die linke Maustaste und halte sie gedrückt.
Bewege den Mauszeiger nun über den Bereich, den du markieren möchtest.

	A	B	C
1	**Lehrer**	**Stimmen**	
2	Herr Richter	48	
3	Frau Müller	21	
4	Frau Taniyan	36	
5	Herr Jahn	11	

③ Diagramm auswählen
Klicke zuerst oben in der Menüleiste auf Einfügen.
Wähle dann bei Diagramme das gewünschte Diagramm aus.

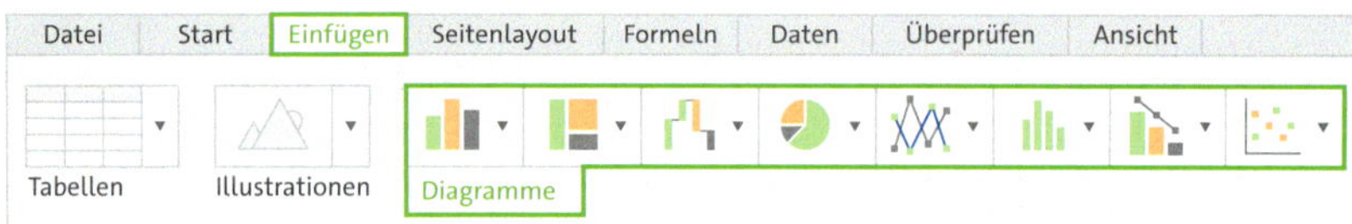

④ Diagramme bearbeiten
Man kann das Aussehen der Diagramme bearbeiten, z. B. Farben, Hilfslinien, Beschriftung, …

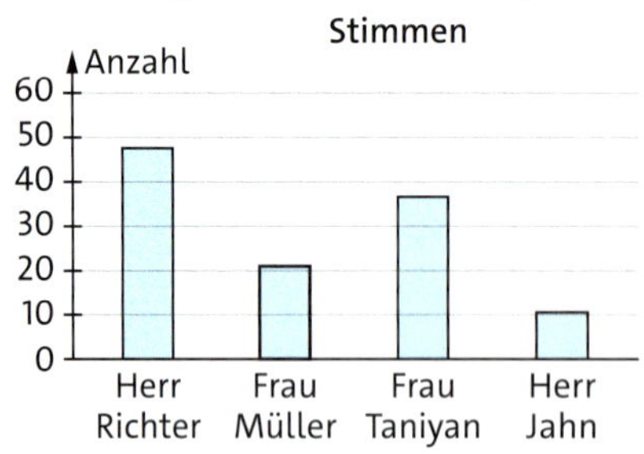

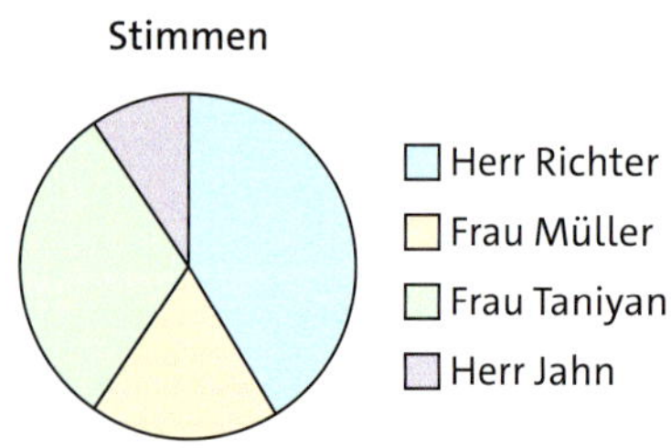

ANWENDEN

1 Besucherzahlen im Museum

Mo: 89 | Di: 117 | Mi: 224 | Do: 36 | Fr: 96 | Sa: 255 | So: 302

a) Zeichne mit einer Tabellenkalkulation ein Kreisdiagramm, ein Säulendiagramm und ein Balkendiagramm.
b) Bearbeite das Aussehen der Diagramme. Beschreibe dein Vorgehen.
c) Vergleicht eure Diagramme.

ANWENDEN

1 Bauer Pehle hat aufgeschrieben, wie viele Eier seine Hühner jeden Tag gelegt haben.

Mo	Di	Mi	Do	Fr
6	10	11	7	6

Berechne den Durchschnitt:
① Berechne die Summe alle Werte.
② Bestimme die Anzahl der Werte:
Wie viele Tage sind es insgesamt?
③ Dividiere.

Tipp
① Werte addieren (plus rechnen):
6 + 10 + ... = ▢
② Anzahl der Werte zählen: ▢
③ geteilt rechnen: ▢ : ▢

2 Berechne den Durchschnitt.
Tipp Alle Werte addieren und durch die Anzahl der Werte dividieren.
a) 7; 3; 9; 1 Anzahl der Werte: ▢
b) 15; 12; 16; 23; 24 Anzahl der Werte: ▢
c) 65; 15; 20; 4 Anzahl der Werte: ▢
d) 350; 305; 344 Anzahl der Werte: ▢

Tipp
① Berechne die Summe alle Werte.
② Bestimme die Anzahl der Werte:
Wie viele Werte sind es insgesamt?
③ Dividiere die Summe aller Werte durch die Anzahl der Werte.

Hinweis
Das arithmetische Mittel ist dasselbe wie der Durchschnitt.

3 Alia hat jeweils das arithmetische Mittel berechnet. Was sagt ihr dazu? Erklärt euch die Fehler und berichtigt sie.

a) 1 4 2 8 5
1 + 4 + 2 + 8 + 5 : 5
= 1 + 4 + 2 + 8 + 1 = 16

b) 7 3 7 7
7 + 3 = 10
10 : 2 = 5

c) 8 3 0 6 0 7
8 + 3 + 6 + 7 = 24
24 : 4 = 6

4 Lukas hat aufgeschrieben, wie viele km Fahrrad er am Tag gefahren ist:

Mo	Di	Mi	Do	Fr	Sa
4 km	4 km	11 km	4 km	0 km	7 km

Berechne die durchschnittliche Strecke.

Tipp Addiere alle Zahlen, auch doppelte Werte und Nullen.

5 Beschreibe das Diagramm.
a) Berechne, wie lange Regina durchschnittlich für ihre Hausaufgaben gebraucht hat.
b) Wo ist das arithmetische Mittel im Diagramm eingezeichnet?

So lange hat Regina für ihre Hausaufgaben gebraucht:

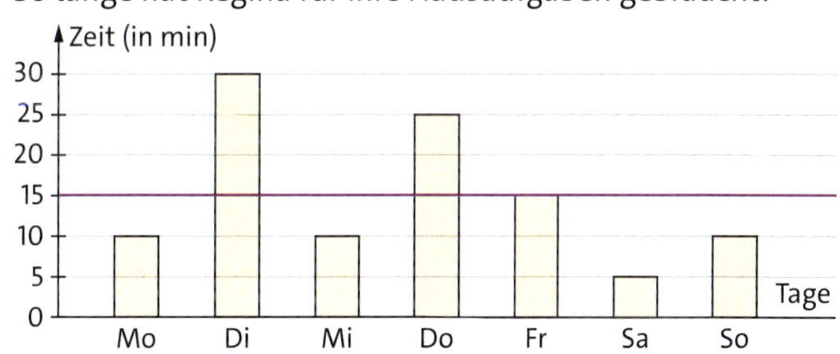

6 Wer ist der bessere Fußballer?
Tipp Berechne jeweils den Durchschnitt.

Tore von Zoey:
7 3 5
9

Tore von Sam:
6 11 4

Tipp ① Berechne den Durchschnitt für Zoey.
② Berechne den Durchschnitt von Sam.
③ Vergleiche: Welcher Durchschnitt ist größer?

ANWENDEN

1 Ordne die Werte erst von klein nach groß. Bestimme dann den Median.
Tipp Hier ist die Anzahl der Werte ungerade.
a) 7; 13; 4; 18; 9
b) 23; 21; 19; 24; 25
c) 52; 51; 58; 55; 56; 59; 53

Tipp ① Zahlen von klein nach groß ordnen
② Welche Zahl liegt in der Mitte?
Zähle dazu gleichzeitig links und rechts ab:
~~4~~ ~~7~~ 9 ~~13~~ ~~18~~
Mitte

2 Ordne die Werte erst von klein nach groß. Bestimme dann den Median.
Tipp Hier ist die Anzahl der Werte gerade.
a) 12; 8; 10; 5
b) 85; 89; 88; 84; 82; 87
c) 42; 46; 48; 41

Tipp ① Zahlen von klein nach groß ordnen
② Welche Zahl liegt in der Mitte?
~~5~~ 8 10 ~~12~~
2 Zahlen in der Mitte
③ Rechne (8 + 10) : 2 = ▒

3 Mia hat den Median berechnet. Was sagt ihr dazu? Erklärt euch die Fehler und berichtigt sie.

a) 23; 19; 24; 17; 20
Der Median ist 24.

b) 36; 40; 41; 45
Der Median ist 40,41.

c) Urliste: 2; 3; 5; 3; 5; 6; 5
Rangliste: 2; 3; 5; 6
Der Median ist 4.

4 Aida spielt ein Würfelspiel.
Bei der ersten Runde bekommt sie 8 Punkte.
Danach bekommt sie 4 Punkte und zum Schluss 10 Punkte.
Bestimme den Median.
Erkläre dein Vorgehen.

Tipp Schreibe die Angaben aus dem Text:
gegeben: …
gesucht: …
Rechnung: …
Antwortsatz: …

5 Übertrage und ergänze die Sätze im Heft.

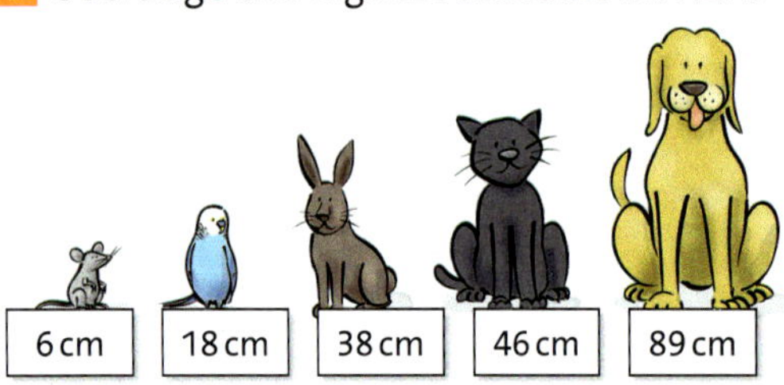

Der Median ist ▒. Das bedeutet:
Die Hälfte der Tiere ist kleiner als ▒.
Die Hälfte der Tiere ist größer als ▒.

Tipp

6 Beschreibe das Diagramm.
a) Bestimme den Median.
b) Erklärt euch, wie ihr vorgegangen seid.
c) Macht es hier Sinn den Median zu berechnen? Begründe.

Das machen die Kinder im Internet:

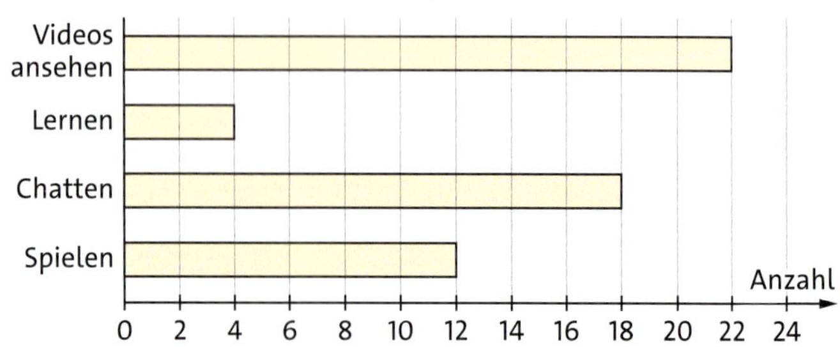

ANWENDEN

1 Übertrage und ergänze die Tabelle im Heft.

	absolute Häufigkeit	Gesamtzahl	relative Häufigkeit
a)	7	10	
b)	3	4	
c)	1	5	

Tipp relative Häufigkeit = $\frac{\text{absolute Häufigkeit}}{\text{Gesamtzahl}}$

2 Vögel

a) Bestimme die absolute Häufigkeit der gelben Vögel.
b) Wie viele Vögel sind es insgesamt?
c) Bestimme die relative Häufigkeit der gelben Vögel als Bruch.

Tipp zu a) absolute Häufigkeit: Anzahl — Wie oft?
zu c) relative Häufigkeit: Anteil — ... von der Gesamtzahl?

3 Übertrage und ergänze die Tabelle im Heft.

Lieblings-geschmack	absolute Häufigkeit	relative Häufigkeit
Himbeere	50	
Zitrone	16	
Waldmeister	34	
Gesamtzahl		

Tipp Berechne erst die Gesamtzahl.

4 Schreibe die absolute Häufigkeit aus dem Text und bestimme die relative Häufigkeit.
a) Miriam hat 81 von 100 Punkten.
b) Es wurden 200 Fahrräder getestet. 26 der Fahrräder waren kaputt.
c) 6 der 12 Blumen sind Rosen.
d) Bei 20 Versuchen haben nur 4 geklappt.
e) Lars hat 20 Lose gekauft. 19 davon waren Nieten.

5 Vergleiche die Ergebnisse beim Training:
Ben: 3 Treffer von 10 Versuchen
Lina: 1 Treffer von 5 Versuchen
Tipp Bestimme die relativen Häufigkeiten:
3 von 10 und 1 von 5.
Schreibe als Dezimalzahl oder in Prozent.

Tipp Erweitere auf den Nenner 10 oder 100:
$\frac{1 \cdot \square}{5 \cdot \square} = \frac{\square}{10}$
oder
$\frac{1 \cdot \square}{5 \cdot \square} = \frac{\square}{100}$

Erweitern heißt: Zähler und Nenner mit derselben Zahl zu multiplizieren.

6 Wo würdest du mitspielen?

Gewinnspiel A: 7 Gewinne von 10 Losen	**Gewinnspiel B:** 12 Gewinne von 20 Losen

Begründe mithilfe der relativen Häufigkeiten.

Tipp Bei welchem Gewinnspiel ist die Chance größer zu gewinnen?
Gib die Chance als relative Häufigkeit an.

ANWENDEN

1 Ist das ein Zufallsexperiment? Übertrage und ergänze den Text im Heft.

a) **am Glücksrad (A) drehen:**

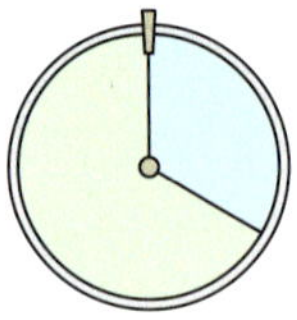

① Sind verschiedene Ergebnisse möglich? ___. *Es sind verschiedene Ergebnisse möglich: ___ oder ___.*

② Weiß man nicht, welches Ergebnis man erhält? *___. Man weiß nicht, welche Farbe kommt.*

③ Kann man den Versuch genauso wiederholen? *___. Man kann das Glücksrad so oft drehen, wie man will.*
Also ist das ___ Zufallsexperiment.

b) **am Glücksrad (B) drehen:**

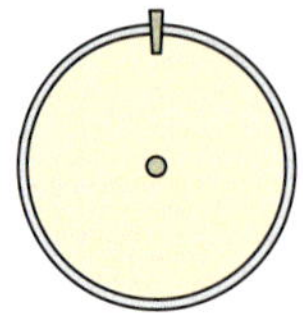

① Sind verschiedene Ergebnisse möglich? *___, weil …*

② Weiß man nicht, welches Ergebnis man erhält? *___, weil …*

③ Kann man den Versuch genauso wiederholen? *___ …*
Also ist das ___ Zufallsexperiment.

Hinweis
Gegenstände, die man für ein Zufallsexperiment benutzt, nennt man ***Zufallsgeräte****.*

2 Wie nutzt man diese Zufallsgeräte?

a)
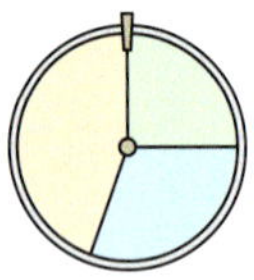

b)

c)

d)
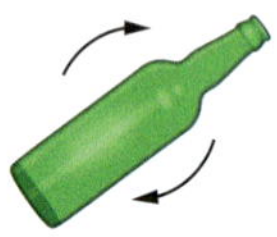

Welche Ergebnisse sind möglich?

Tipp drehen werfen drehen werfen

mögliche Ergebnisse:

zu a) a)
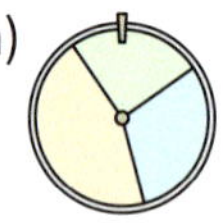
b)
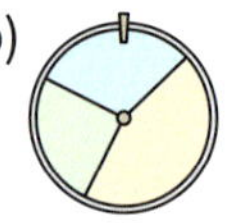
c)
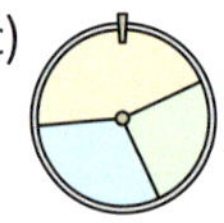

zu b)

zu c) …

zu d) …

3 Eine Kugel wird mit verbundenen Augen aus der Urne gezogen. Erkläre die Aussagen und ergänze die Sätze im Heft.

Tipp unmöglich unwahrscheinlich wahrscheinlich sicher

a) Es wird eine braune Kugel gezogen. Das passiert **nie**. Das Ergebnis ist ___.
b) Es wird eine orangene Kugel gezogen. Das passiert **häufig**. Das Ergebnis ist ___.
c) Es wird eine lila Kugel gezogen. Das passiert **selten**. Das Ergebnis ist ___.
d) Es wird eine farbige Kugel gezogen. Das passiert **immer**. Das Ergebnis ist ___.

4 Schätzt die Wahrscheinlichkeit der Ergebnisse.

Tipp Probiert es mit einer Münze aus.

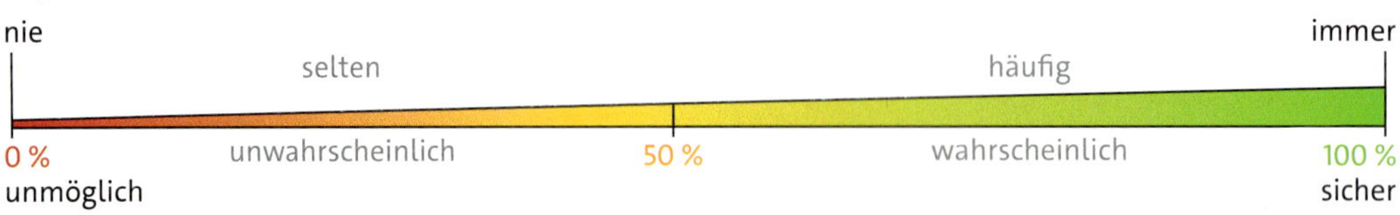

Tipp Passiert das nie, selten, häufig oder immer?

a) Beim Münzwurf liegt der „Kopf“ oben.
b) Beim Münzwurf liegt die „Zahl“ oben.
c) Beim Werfen bleibt die Münze auf der Kante stehen.

5 Einen Kronkorken werfen:

Versuche		
10	6, also 6 von 10	4, also 4 von 10
100	55	45
1000	580	420

a) Bestimmt die relativen Häufigkeiten. Was fällt euch auf?

b) Führt das Zufallsexperiment selbst durch. Notiert die absoluten Häufigeiten bei 20 Versuchen.
Bestimmt die relativen Häufigkeiten.

Tipp 6 von 10

relative Häufigkeit = $\frac{\text{absolute Häufigkeit}}{\text{Gesamtzahl}}$

↑ Versuche

Methode Relative Häufigkeiten als Schätzwert für die Wahrscheinlichkeit

Bei Zufallsexperimenten kann man die relative Häufigkeit des Ergebnisses bestimmen:

relative Häufigkeit = $\frac{\text{Anzahl}}{\text{Versuche}}$

Wenn man ein Zufallsexperiment sehr oft wiederholt, ist die relative Häufigkeit ein Schätzwert für die Wahrscheinlichkeit.

6 Erklärt, wie Lisa den Schätzwert für die Wahrscheinlichkeit berechnet hat.

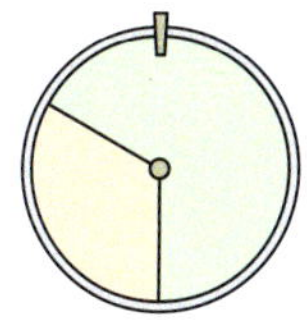

für das Ergebnis „grün“:
670 bei 1000 Versuchen

relative Häufigkeit = $\frac{670}{1000}$ = 0,67 = 67 %
Die Wahrscheinlichkeit für grün beträgt etwa 0,67 oder 67 %.

7 Ein Glücksrad wurde gedreht.
Übertrage und ergänze die Tabelle im Heft.

	Anzahl	relative Häufigkeit	Wahrscheinlichkeit
blau	19		
rot	73		
gelb	8		
Versuche	100		

Tipp Berechne die relative Häufigkeit. Rechne den Bruch in eine Dezimalzahl und in % um.

	Anzahl	relative Häufigkeit	Wahrscheinlichkeit
blau	19	$\frac{19}{100}$ = 0,19 = 19 %	≈ 0,19 = 19 %

8 Timm hat dreimal hintereinander eine Sechs gewürfelt.
Timm sagt: „3 von 3 Versuchen. Die relative Häufigkeit ist also $\frac{3}{3}$ = 1 = 100 %.
Also ist die Wahrscheinlichkeit eine Sechs zu würfeln 100 %. Das geht immer so weiter.“
Was sagt ihr dazu?

9 Eine Wäscheklammer werfen:
Bestimme die Schätzwerte für die Wahrscheinlichkeiten.

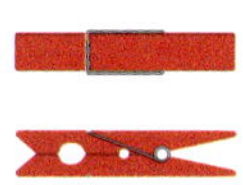

Versuche		
10	6	4
100	680	320

Tipp Bestimme die relativen Häufigkeiten der beiden Ergebnisse  und .
Nimm dafür die Anzahl bei vielen Versuchen.

Mit Dezimalzahlen rechnen

In diesem Kapitel lernst du, …

→ Dezimalzahlen zu addieren und zu subtrahieren.
→ mit Stufenzahlen zu multiplizieren und durch Stufenzahlen zu dividieren.
→ Dezimalzahlen schriftlich zu multiplizieren.
→ Dezimalzahlen schriftlich zu dividieren.
→ die Vorrangregeln bei Dezimalzahlen anzuwenden.

Pia und Luise wollen einen Obstsalat machen.
Sie kaufen ein:

1 Melone	1,80 €
2 Ananas	je 2,69 €
3 Äpfel	je 0,40 €
1 kg Weintrauben	3,90 € pro kg
2 kg Bananen	1,85 € pro kg

Sie haben 20 € dabei.
Das Wechselgeld dürfen sie sich teilen.

ANWENDEN

1 Rechne im Kopf.

a) 4,2 + 1,3 b) 1,5 + 1,6
c) 4,8 – 1,6 d) 3,4 – 1,5

Tipp zu a) 4,2 + 1,3

2 Übertrage ins Heft und addiere schriftlich.
Prüfe das Ergebnis mit einem Überschlag.

a)

	E	z	h
	2,	2	2
+	3,	6	1

b)

	Z	E	z	h
	1	2,	3	4
+		3,	8	1
		1		

Tipp Runde für den Überschlag auf Ganze:
zu a) 2,22 + 3,61 ≈ 2 + 4 = ▒

Bei 0; 1; 2; 3; 4 abrunden,
bei 5; 6; 7; 8; 9 aufrunden.

3 Übertrage ins Heft. Subtrahiere schriftlich.
Prüfe das Ergebnis mit einer Umkehraufgabe.

a)

	E	z	h
	5,	8	7
–	1,	2	3

b)

	Z	E	z	h
	4	5,	6	4
–		2,	3	7
			1	

Tipp Umkehraufgabe
zu a)

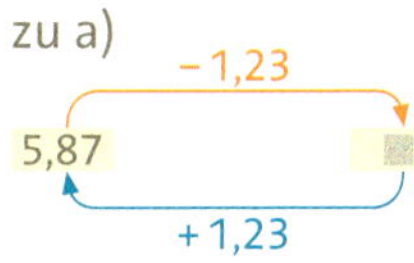

5,87 – 1,23 = ▒ ist richtig,
weil ▒ + 1,23 = 5,87

4 Hier haben sich Fehler versteckt. Erklärt die Fehler und berichtigt sie.

a)

	3	2,	7	3
+	4,	6	1	
	7	8,	8	3

b)

	8	4,	9	9
+	1	7,	3	5
	9	1,	2	4

c)

	2	3,	6	2
–		5,	5	6
	1		1	
	1	8	0	2

d)

	0,	9	7	5
–			0,	4
	1		1	
	0,	9	7	1

Hinweis
Prüfe dein Ergebnis immer mit einem Überschlag oder einer Umkehraufgabe.

5 Schreibe Komma unter Komma.
Rechne dann schriftlich.
Tipp Bei c) und e) am Ende Nullen ergänzen.

	1	3,	8	6
–		3,	3	0

a) 12,4 + 7,3
b) 9,5 + 14,6
c) 5,84 + 46,2
d) 26,6 – 6,7
e) 22,5 – 13,47

Tipp Hier haben sich die Lösungen versteckt:
31,87 24,1 52,04 35,28 34,9
19,9 36,31 19,7 9,03

6 Wie viel kostet das zusammen?
Tipp Musst du addieren oder subtrahieren?

1,25 €

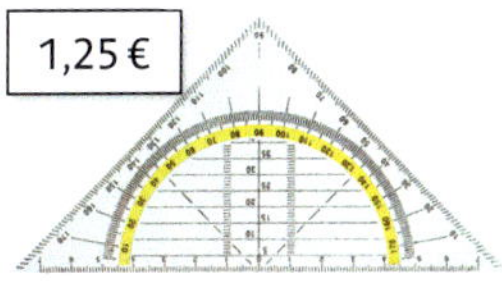

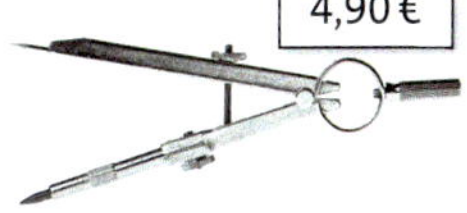

4,90 €

Tipp Achte auf Schlüsselwörter.

7 Hier fehlt mindestens ein Komma.
a) 12,3 + 3,4 = 157
b) 4,61 + 1213 = 16,74
c) 444 – 333 = 1,11

Tipp Bei a) und b) fehlt jeweils ein Komma,
bei c) fehlen zwei Kommas.

8 Übertrage und ergänze im Heft.

a) □ + 1,2 = 4,8 b) □ + 2,4 = 4,5
c) □ − 6,2 = 8,4 d) □ − 4,4 = 8,0

Tipp Umkehraufgabe
zu a) □ + 1,2 = 4,8
weil 4,8 − 1,2 = □

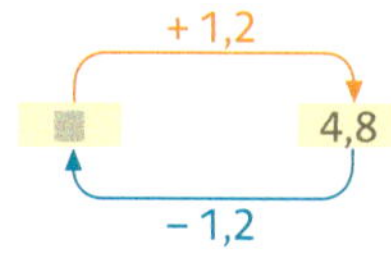

9 Wie viel kostet das zusammen?

Ananas	2,49 €
Blumenkohl	2,19 €
Wassermelone	8,95 €

Tipp Addiere **schrittweise:**
Addiere erst die Preise für Ananas und Blumenkohl. Dann addiere zum Ergebnis den Preis für die Wassermelone.

10 Addiere schriftlich.
Tipp Schreibe Komma unter Komma

a) 3,50 + 4,25 + 1,65
b) 12,34 + 1,52 + 7,26
c) 25,13 + 7,5 + 14,34

Tipp

	3,	5	0
+	4,	2	5
+	1,	6	5

Methode **Mehrere Zahlen subtrahieren**

	7,	8
−	2,	4
−	3,	1
	2,	3

Addiere die unteren Zahlen:
1 z + 4 z = 5 z
Ergänze dann bis zur obersten Zahl: 5 z bis 8 z → 3 z
3 E + 2 E = …

11 Übertrage ins Heft und subtrahiere.

a)

	6	5,	9	5
−		8,	2	3
−	1	1,	5	3

b) 78,9 − 14,1 − 22,6
c) 66,49 − 11,65 − 30,53
d) 739,8 − 41 − 222,35
e) 248,9 − 8,704 − 72,31
f) 3704,88 − 0,963 − 78

12 Setzt die Ziffern ein und bildet verschiedene Additions- und Subtraktionsaufgaben.

a) mit dem größten Ergebnis
b) mit dem kleinsten Ergebnis
c) mit einer natürlichen Zahl als Ergebnis
d) mit dem Ergebnis 11,11
e) Wie kann man die Ziffern vertauschen, so dass das Ergebnis gleich bleibt?

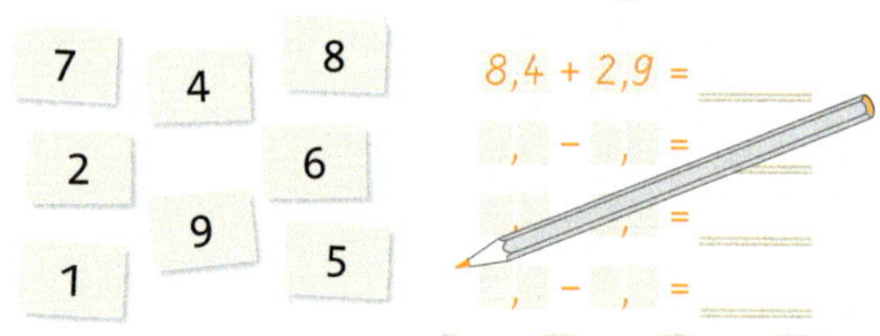

Zum Weiterarbeiten
Denke dir eine passende Sachaufgabe aus.
a) 12,50 + 3,99
b) 7,6 − 4,8
Tauscht eure Sachaufgaben und berechnet.

Strategie **Sachaufgaben** lösen

① Gib die Aufgabe mit eigenen Worten wieder.
② Was ist **gegeben**? Was ist **gesucht**?
③ Schreibe die **Rechnung** auf.
Achte auf **Schlüsselwörter**:
Musst du addieren oder subtrahieren?
④ **Überprüfe** dein Ergebnis.
⑤ Denke an einen **Antwortsatz**.

13 Pia packt Bücher, Hefte und ihr Etui in ihren Rucksack.
Der Rucksack wiegt gepackt 3,42 kg.
Die Bücher wiegen 1,25 kg, die Hefte 0,51 kg und ihr Etui 0,42 kg.
Wie schwer ist der leere Rucksack?

Tipp Achte auf die Schlüsselwörter.

14 Thomas bekommt neue Möbel:

Bett:	*Stuhl:*	*Schreibtisch:*
139,99 €	*65,50 €*	*179,00 €*

a) Was kostet das zusammen?
b) Thomas gibt an der Kasse 400 € ab.
Wie viel Wechselgeld bekommt er zurück?

ANWENDEN

1 Berechne. Erkläre, wie du das Komma verschiebst.

a) 2,3428 · 10
2,3428 · 100
2,3428 · 1000

b) 5,907 · 10
5,907 · 100
5,907 · 1000

c) 2962,4 : 10
2962,4 : 100
2962,4 : 1000

d) 1305,482 : 10
1305,482 : 100
1305,482 : 1000

2 Multipliziere.

a) 2,58 · 10
b) 5,292 · 100
c) 78,652 · 100
d) 1,2769 · 1000

Tipp 7,459 · 100

· 100 2 Nullen, also
das Komma 2 Stellen nach rechts

3 Dividiere.

a) 36,53 : 10
b) 973,5 : 100
c) 7120,29 : 100
d) 4234,81 : 1000

Tipp 6974,2 : 100

: 100 2 Nullen, also
das Komma 2 Stellen nach links

4 Beschreibt die Fehler und berichtigt sie im Heft.

a) *83,242 · 10 = 8324,2*
b) *4556,267 · 1000 = 4,556267*
c) *12,3 · 1000 = 123*
d) *85,6 : 100 = ,856*

5 Berechne.

Tipp Hier musst du Nullen ergänzen
bei · hinten, bei : vorne.

a) 12,5 · 100
b) 169,1 · 1000
c) 5,2 : 10
d) 78,99 : 1000

Tipp 12,5 · 100 = 12,50 · 100
5,2 : 10 = 05,2 : 10

6 Berechne die Preise.

a) Wie viel kosten 100 Hefte?
b) Wie viel kostet eine Patrone?

Tipp Multiplizieren oder dividieren?

7 Übertrage und ergänze im Heft.
Beschreibe dein Vorgehen.

a) 9,32 —· 10→ ▪
b) 61,8 —: 10→ ▪
c) 12,778 —· 100→ ▪
d) 726,25 —: 100→ ▪
e) 2,45 —· ▪→ 24,5
f) 80,2 —: ▪→ 8,02

Tipp 2,45 —· ▪→ 24,5

Mit welcher Stufenzahl muss ich 2,45 multiplizieren, damit 24,5 herauskommt?

8 Übertrage und ergänze die Tabelle.

Tipp Multiplizieren oder dividieren?

	·	10	100	1000
a)	**3,2584**			
b)		753,74		

	:	10	100	1000
c)	**448,71**			
d)		26,63		

Tipp

	·	10	100	1000
a)	**3,2584**			
b)		753,74		

Welche Zahl muss ich mit 10 multiplizieren, damit 753,75 herauskommt?

ANWENDEN

1 Multipliziere im Kopf.

Tipp ① ohne Komma multiplizieren
② Komma im Ergebnis setzen

a) 2 · 3,4 b) 3 · 2,1
c) 4 · 1,7 d) 6 · 0,9

Tipp 3 · 2,1
① 3 · 21 = 63
② Wie viele Nachkommastellen gibt es?
3 · 2,1 (1 Nachkommastelle)
3 · 2,1 = 6,3
... also auch 1 Nachkommastelle im Ergebnis

2 Ergänze das Komma im Ergebnis.

a) 12 · 0,4 = 48
b) 2,5 · 5 = 125
c) 16 · 0,21 = 336
d) 3,467 · 6 = 20802

Tipp
Wie viele Nachkommastellen gibt es?
Das Ergebnis hat genauso viele Nachkommastellen.

3 Multipliziere schriftlich.
Prüfe dein Ergebnis mit einem Überschlag.

a) 2,3 · 13 b) 2,1 · 15
c) 16 · 4,8 d) 42,7 · 11
e) 1,43 · 18 f) 3,84 · 21

Tipp Runde für den Überschlag auf Ganze:
zu a) 2,3 · 13 ≈ 2 · 13 = ■

4 Berechne jeweils den Gesamtpreis.

		Anzahl	Einzelpreis
a)	**Schokolade**	3	1,15 €
b)	**Kekse**	5	3,21 €
c)	**Lutscher**	4	0,59 €

Tipp Einzelpreis · Anzahl = Gesamtpreis

5 Eine Eintrittskarte für das Museum kostet 6,99 €.
Berechne den Preis einmal für die Klasse 6 a und einmal für die Klasse 6 b.

a) 6 a: 32 Schüler b) 6 b: 29 Schüler

Tipp Multipliziere die beiden Zahlen.

6 Was meint Tina damit? Erkläre.

Aber da fehlt doch die Nachkommastelle.

5 · 0,2 = 1

Tipp

0,	5	·	2	
		1,	0	

7 Multipliziere.

Tipp Achte auf die Nachkommastellen.

a) 4 · 0,5 b) 4 · 0,25
c) 5 · 0,4 d) 5 · 0,12

Tipp Wie viele Nachkommastellen gibt es? Zähle auch die Nullen mit.

8 Eine Holzleiste ist 2,65 m lang.
Laurin klebt 7 Holzleisten zusammen.
Stelle eine sinnvolle Frage.
Beantworte sie.

Tipp Frage:
gegeben: gesucht:
Rechnung:
Antwortsatz:

9 Gib die Ergebnisse an, ohne zu rechnen.

Tipp $4 \cdot 3 = 12$
$0{,}4 \cdot 0{,}3 = 0{,}12$

a) $6 \cdot 2 = 12$
$6 \cdot 0{,}2$
$6 \cdot 0{,}02$

b) $7 \cdot 5 = 35$
$7 \cdot 0{,}5$
$7 \cdot 0{,}05$

Tipp Achte auf die Anzahl der Nachkommastellen.

10 Ergänze das Komma im Ergebnis.

a) $2{,}1 \cdot 0{,}5 = 105$
b) $4{,}3 \cdot 2{,}2 = 946$
c) $12{,}1 \cdot 8{,}1 = 9801$
d) $20{,}5 \cdot 10{,}15 = 208075$

Tipp Wie viele Nachkommastellen haben beide Dezimalzahlen zusammen?

11 Multipliziere im Kopf.

a) $0{,}6 \cdot 0{,}4$ b) $1{,}1 \cdot 0{,}3$
c) $1{,}4 \cdot 0{,}3$ d) $0{,}9 \cdot 1{,}4$

Tipp Multipliziere zunächst ohne Komma und setze dann das Komma.

12 Multipliziere schriftlich.
Prüfe dein Ergebnis mit einem Überschlag.

a) $1{,}9 \cdot 2{,}1$ b) $3{,}1 \cdot 1{,}8$
c) $1{,}1 \cdot 8{,}9$ d) $1{,}3 \cdot 2{,}4$
e) $9{,}9 \cdot 1{,}1$ f) $1{,}6 \cdot 1{,}63$
g) $0{,}96 \cdot 2{,}5$ h) $2{,}73 \cdot 10{,}1$

Tipp Runde für den Überschlag auf Ganze.
zu a) $1{,}9 \cdot 2{,}1 \approx 2 \cdot 2 =$ ▩

13 Hier haben sich Fehler versteckt. Erklärt die Fehler und berichtigt sie.

a)

	5,8 · 2,4
	116
+	232
	139,2

b)

	6,2 · 3,5
	186
+	310
	1
	2,17

c)

	0,41 · 0,7
	0
+	287
	,287

d)

	4,1 · 2,05
	82
+	205
	1,025

Methode **Achte auf die Nullen.**
Manchmal muss man im Ergebnis vorne Nullen ergänzen:

	0,532 · 0,89
	4256
+	4788
	11
	0,47348

5 Nachkommastellen ... also auch im Ergebnis

14 Berechne.
Achte auf die Nullen im Ergebnis.

a) $0{,}43 \cdot 0{,}87$ b) $1{,}8 \cdot 0{,}015$
c) $0{,}6 \cdot 0{,}347$ d) $0{,}403 \cdot 2{,}1$
e) $0{,}436 \cdot 0{,}49$ f) $0{,}56 \cdot 0{,}537$

Hier haben sich die Lösungen versteckt:

0,2082 0,8463 0,30072 0,3741
0,027 0,2109 0,0471 0,21364

15 Multipliziere schriftlich.

Tipp Ergänze im Ergebnis vorne Nullen.

a) $0{,}2 \cdot 0{,}17$ b) $0{,}3 \cdot 0{,}41$
c) $0{,}5 \cdot 0{,}39$ d) $0{,}18 \cdot 0{,}3$
e) $0{,}31 \cdot 0{,}25$ f) $0{,}42 \cdot 0{,}55$

Tipp Achte auf die Anzahl der Nachkommastellen.

16 Berechne den Gesamtpreis.
Tipp Gewicht · Preis pro kg

	Gewicht	Preis pro kg	Gesamtpreis
a)	1,5 kg	2,60 €	
b)	10,21 kg	3,00 €	
c)	0,6 kg	1,50 €	

Tipp zu a) 1, 5 · 2, 6 0
+

17 Alexandra kauft 1,2 kg Blumenkohl.
Wie viel kostet der Blumenkohl insgesamt?
Tipp Runde sinnvoll.

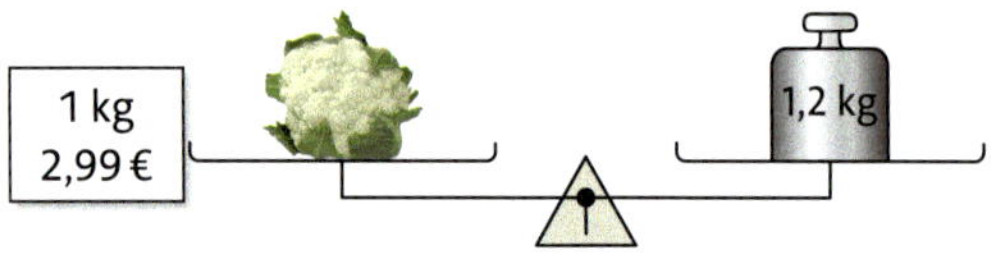

Tipp Gibt es 1,756 €?
Runde sinnvoll.

__Zum Weiterarbeiten__
Es gibt noch weitere Einheiten, die im Ausland anders sind.
Informiert euch im Internet darüber.

18 Man gibt die Größe von Bildschirmen oft in Zoll an.
1 Zoll ist 2,54 cm lang.
Berechne die Länge in Zentimeter.

① ② ③ ④

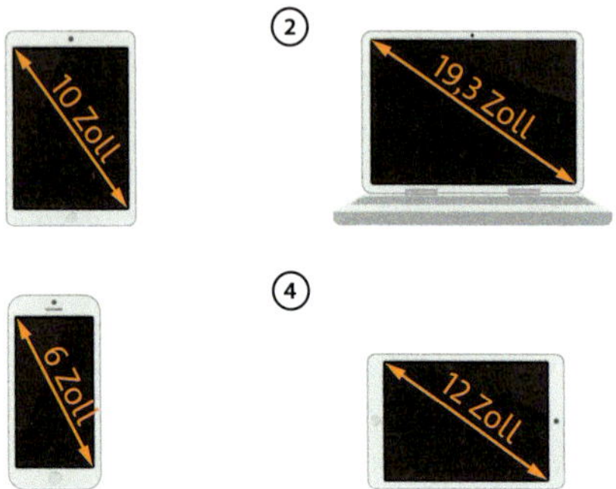

Tipp 1 Zoll = 1 · 2,54 cm
■ Zoll = ■ · 2,54 cm

19 Berechne vorteilhaft.
Tipp Tausche vorher zwei Zahlen.
a) 2 · 3,7 · 0,5 b) 2,5 · 0,6 · 2
c) 4 · 4,9 · 0,25 d) 0,2 · 6,3 · 5

Tipp Welche Zahlen sind einfach zu multiplizieren?
Tausche so, dass sie nebeneinander stehen.

20 Berechne vorteilhaft.
Tipp 4,2 · 30
= 4,2 · 10 · 3
= 42 · 3
= 126

a) 1,2 · 40
b) 4,2 · 200
c) 0,8 · 500

Tipp Wenn man mit einer Stufenzahl multipliziert, muss man nur das Komma verschieben.

21 Welche Aufgaben haben das gleiche Ergebnis?
a) Was fällt euch auf?
b) Wie darf man bei der Multiplikation das Komma verschieben?

753,6 · 0,144	75,36 · 1,44	3,675 · 41
7,536 · 14,4	36,75 · 4,1	64,13 · 0,73
3367,5 · 0,41	0,6413 · 73	6,413 · 7,3

ANWENDEN

1 Dividiere im Kopf.

a) 12,6 : 6
b) 15,5 : 5
c) 36,9 : 9
d) 8,88 : 4

Tipp
① ohne Komma dividieren
② Komma im Ergebnis setzen

2 Dividiere schriftlich.

a) 14,4 : 4
b) 28,5 : 5
c) 19,2 : 8
d) 16,8 : 3
e) 15,6 : 6
f) 29,4 : 3

3,6 5,7 2,4 5,6 2,6 9,8

Tipp Sobald man über das Komma geht, setzt man ein Komma im Ergebnis.

3 Dividiere schriftlich.
Prüfe dein Ergebnis mit der Umkehraufgabe.

a) 37,8 : 6
b) 31,2 : 4
c) 76,5 : 9
d) 30,65 : 5
e) 22,75 : 7
f) 39,33 : 9

Tipp

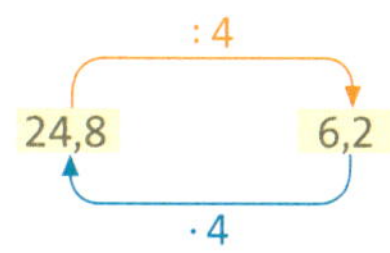

24,8 : 4 = 6,2 ist richtig, weil 6,2 · 4 = 24,8 ist.

4 Welches Ergebnis stimmt? Begründe.
Tipp Runde so, dass du einfach rechnen kannst: 22,75 : 7 ≈ 21 : 7 = 3

a) *11,7 : 3* *39* *3,9* *0,39*
b) *25,86 : 6* *4,31* *43,1* *431*

Tipp 22,75 : 7 = 325
Überschlag: 21 : 7 = 3
Das Ergebnis kann also stimmen:
22,75 : 7 = 3,25

5 Die Klasse 6 a mit 20 Schülern plant einen Klassenausflug in den Kletterpark. An der Kasse zahlen sie für die 20 Eintrittskarten 249,80 €.
Wie viel kostet eine Eintrittskarte?
Tipp Denk beim Antwortsatz an die Einheit.

Tipp gegeben:
gesucht:
Rechnung:
Antwortsatz:

6 Berechne das Gewicht von einem Sack.

a)	29,2 kg Mehl	aufgeteilt auf 4 Säcke
b)	53,4 kg Mehl	aufgeteilt auf 6 Säcke
c)	83,7 kg Mehl	aufgeteilt auf 9 Säcke
d)	86,8 kg Mehl	aufgeteilt auf 7 Säcke

Tipp

7 Hier haben sich Fehler versteckt. Erklärt die Fehler und berichtigt sie.

a)
2 6, 2 2 : 6 = 4 3 7
- 2 4
2 2
- 1 8
4 2
- 4 2
0

b)
4, 3 5 : 5 = 8 7
- 0
4 3
- 4 0
3 5
- 3 5
0

5 passt nicht in 4, darum sofort 43

8 Dividiere schriftlich.
Tipp Vorsicht beim ersten Rechenschritt.

a) 2,16 : 3 b) 3,22 : 7
c) 0,52 : 4 d) 0,84 : 6

Tipp erster Rechenschritt zu a)
2,16 : 3

Passt 3 in 2?
Nein, deswegen
im Ergebnis 0, eintragen.

Methode Nullen ergänzen
Manchmal reichen die Nachkommastellen bei der ersten Zahl nicht.
Dann muss man hinter der letzten Nachkommastelle eine Null ergänzen und weiterrechnen.
Das kann man so oft wiederholen, bis man fertig ist.

8,7 = 8,70

9 Erkläre und ergänze die Division im Heft.

	8,	7	:	6	=	1,	4	▢	
–	6								
	2	7							
–	2	4							
		3	0						

Hier muss man eine Null ergänzen.

10 Dividiere schriftlich.
Tipp Ergänze so viele Nullen hinter dem Komma, wie du brauchst.

a) 5,8 : 4 b) 6,4 : 5
c) 15,8 : 5 d) 17,1 : 6
e) 34,8 : 8 f) 37,1 : 5

Tipp Ergänze mehrere Nullen hinter der ersten Zahl:

	5,	8	0	0	0	:	4	=
–	4							

Hinweis
Verschiebe das Komma bei beiden Zahlen immer um gleich viele Stellen.

11 Ergänze das Komma bei der orangenen Zahl so, dass das Ergebnis 1,5 gleich bleibt.

1,9815 : 1,321 = 1,5
19815 : 13,21 = 1,5
19815 : 132,1 = 1,5
19815 : 1321 = 1,5

Tipp Um wie viele Stellen wurde das Komma bei der zweiten Zahl nach rechts verschoben? Verschiebe das Komma bei der ersten Zahl genauso.
Dann ändert sich das Ergebnis nicht.

12 Welche Aufgaben haben das gleiche Ergebnis?
Begründe deine Antwort.

0,656 : 0,04 656 : 40 6,56 : 0,4 65,6 : 40
65,6 : 4 0,00656 : 0,004 656 : 400 0,656 : 0,4

13 Dividiere im Kopf.
Tipp Verschiebe vorher das Komma bei beiden Zahlen.

a) 1,8 : 0,3 b) 3,6 : 0,4
c) 2,8 : 0,7 d) 3,2 : 0,2

Tipp zu a) 1,8 : 0,3

Ich verschiebe das Komma, damit es wegfällt.

Dann muss ich das Komma genauso bei der 1. Zahl verschieben.

14 Dividiere schriftlich.
Tipp ① Komma verschieben
② schriftlich dividieren

a) 14,6 : 0,2 b) 10,12 : 0,8
c) 21,846 : 0,6 d) 1,589 : 0,07
e) 2,5959 : 0,03 f) 347,48 : 1,4

Lösungswort: N 22,7 G 86,53 O 73
R 12,65 E 248,2 A 36,41

Tipp Verschiebe das Komma bei beiden Zahlen um gleich viele Stellen.

15 Bilde eigene Divisionsaufgaben aus den Kärtchen.
Prüfe mit der Umkehraufgabe.

1239,84 | 4,8384 | 2392,74 | 665,28 | 274,68

0,06 | 63 | 1,2 | 8,4 | 0,2 | 0,9

Methode Nullen ergänzen beim Verschieben des Kommas
Manchmal reichen die Nachkommastellen bei der ersten Zahl nicht, um das Komma zu verschieben.
Dann muss man Nullen ergänzen.

16 Erkläre und ergänze die Division im Heft.

2	4,	8		:	0,	0	8	
2	4	8	0	:	8	=		

24,8 = 24,80

17 Dividiere schriftlich.
a) 12,6 : 0,03 b) 86,1 : 0,007
c) 272 : 0,08 d) 8,4 : 0,012

Tipp Ergänze immer zwei Nullen bei der ersten Zahl.

18 Übertrage und ergänze im Heft.
Beschreibe dein Vorgehen.
a) ■ : 0,9 = 3 b) 2,4 : ■ = 4
c) ■ : 1,2 = 5 d) 0,72 : ■ = 0,9

Tipp Umkehraufgabe
zu a) ■ : 0,9 = 3,
weil 3 · 0,9 = ■

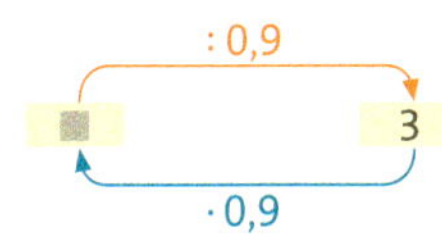

19 Die Klasse 6 d verreist mit dem Zug auf Klassenfahrt.
Ein Zugticket kostet 9,50 €.
Für alle Schüler der Klasse 6 d kostet die Zugfahrt insgesamt 256,50 €.
Wie viele Schüler sind in der Klasse?
Tipp Denke an einen Antwortsatz.

Tipp gegeben:
gesucht:
Rechnung:
Antwortsatz:

20 Frau Lamprecht kauft 4,5 kg Kartoffeln.
Sie bezahlt insgesamt 2,97 €.
Wie viel kostet 1 kg Kartoffeln?
Berechne.

Tipp Musst du 4,5 : 2,97 oder 2,97 : 4,5 rechnen?

21 Rechnet vorteilhaft.
a) Beschreibt und vergleicht euer Vorgehen.
b) Wie ändert sich das Ergebnis, wenn man bei der Division das Komma unterschiedlich verschiebt?

① 8,712 : 4
87,12 : 0,04
8712 : 40
0,8712 : 0,4
871,2 : 4

217,8 | 2,178 | 217,8 | 2178 | 2,178

② 24,18 : 6 4,03
241,8 : 0,6
2418 : 60
2,418 : 6
0,2418 : 0,06

4,03

ANWENDEN

1 Welche Aufgabe gehört zum Rechenbaum? Begründe. Berechne dann.

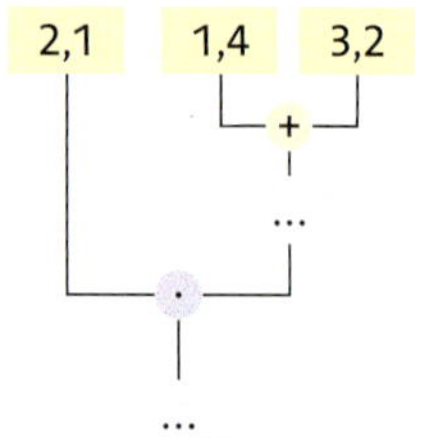

① (2,1 · 1,4) + 3,2
② 2,1 · (1,4 + 3,2)
③ 2,1 · 1,4 + 3,2

Tipp Achte auf die Klammer.

2 Berechne.
Tipp Punkt-vor-Strich-Regel
a) 3,2 + 2,1 · 6
b) 1,8 · 2 + 2,2
c) 7,7 – 1,5 · 3
d) 5,5 · 2,1 – 3,4

Tipp Schreibe so: 4,2 + 1,3 · 2
= 4,2 + 2,6
= 6,8

3 Berechne.
Tipp Zuerst Klammern, dann Punkt vor Strich
a) (3,4 + 3,6) : 3,5
b) 6 · (3,7 – 2,6) – 2,2
c) 10 – 2,5 · 3 + 4,5
d) 5 · (1,2 + 3,2) – 5 : 2
Lösungen: 19,5; 4,4; 2; 7

Tipp Schreibe so:
6 · (3,7 – 2,6) – 2,2 ① Klammern zuerst
= 6 · ■ – 2,2 ② Punkt vor Strich
= ■ – 2,2 ③ von links nach rechts
= ■

4 Vertausche und rechne vorteilhaft.
Tipp 3,7 + 2,6 + 1,3
2,6 + 3,7 + 1,3
= 2,6 + (3,7 + 1,3)
= 2,6 + 5
= 7,6

a) 1,8 + 4,7 + 2,2
b) 4,6 + 5,9 + 3,4
c) 2,5 · 3 · 4
d) 0,2 · 3,5 · 5

Tipp
① Welche Zahlen sollen nebeneinander stehen? Vertausche.
② Was möchtest du zuerst rechnen? Setze darum Klammern.

5 Zerlege und rechne vorteilhaft.
Tipp 0,3 · 20
= 0,3 · 10 · 2
= (0,3 · 10) · 2
= 3 · 2 = 6

a) 0,8 · 40
b) 1,2 · 70
c) 0,09 · 300
d) 0,006 · 5000

Tipp Zerlege die Zahl in eine Multiplikation mit einer Stufenzahl (10, 100, 1000). Dann musst du nur das Komma nach rechts verschieben.

6 Welche Klammern sind nicht notwendig?
a) (4,2 + 1,3) · 3 = 16,5
b) 9,9 – (2 · 3,7) = 2,5
c) 4,8 · (5 – 2,5) = 12

Tipp Rechne einmal mit und einmal ohne Klammern. Ist das Ergebnis gleich? Dann ist die Klammer nicht notwendig.

7 Nora geht zum Bäcker.
Sie kauft 3 Brötchen für je 0,25 €,
4 Stück Kuchen für je 1,20 € und
6 Brezel für je 0,70 €.
Sie zahlt mit einem 10-€-Schein.
Wie viel Geld bekommt sie zurück?

Tipp gegeben:
gesucht:
Rechnung:
Antwortsatz:

Strategie Lösungshilfen zu Sachaufgaben

Ein Güterzug hat insgesamt 8 Wagons.
Jeder Wagon kann mit höchstens 20,5 t beladen werden.
Ein Wagon hat gar keine Ladung.
Drei der Wagons sind nur zur Hälfte beladen.
Die restlichen Wagons sind voll beladen.
Wie viele Tonnen hat der Zug geladen?

Bevor man anfängt zu rechnen, ist es hilfreich, sich einen Überblick über die Sachaufgabe zu verschaffen.
Dabei gibt es verschiedene Lösungshilfen.

Silvia

Ich mache eine **Zeichnung**.

zur Hälfte beladen | voll beladen

leer | 10,25 t | 10,25 t | 10,25 t | 20,5 t | 20,5 t | 20,5 t | 20,5 t

Ich zeichne einen **Rechenbaum**.

Florian

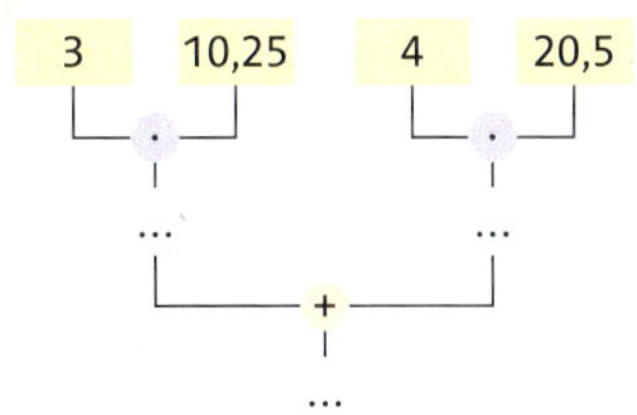

Ich zeichne eine **Tabelle**.

Wagon	Ladung
1. Wagon	leer
2. Wagon	10,25 t
3. Wagon	10,25 t
4. Wagon	10,25 t

Marie

ANWENDEN

1 Silvia, Florian und Marie haben verschiedene Lösungshilfen benutzt.
a) Erklärt euch gegenseitig die Lösungshilfen der Kinder.
b) Suche dir eine Lösungshilfe aus und löse die Aufgabe.

2 Frau Weber kauft insgesamt vier Tüten mit Brötchen:
zwei Tüten mit jeweils 6 Brötchen,
eine Tüte mit 4 Brötchen und
eine Tüte mit 2 Brötchen.
Wie viele Brötchen kauft sie insgesamt?

Tipp Mache eine Zeichnung, zeichne einen Rechenbaum oder eine Tabelle

3 Tina baut für ihre Hasen zwei neue Ställe.
Für den einen Stall braucht sie 15 m Zaun.
Für den anderen Stall braucht sie nur die Hälfte Zaun.
1 m Zaun kostet im Baumarkt 2,40 €.
Zusätzlich kauft Tina Futter für 4,99 €.
Wie viel muss Tina bezahlen?

Tipp gegeben:
gesucht:
Rechnung:
Antwortsatz:

Ganze Zahlen

In diesem Kapitel lernst du, …

→ negative und positive Zahlen zu erkennen.
→ ganze Zahlen zu ordnen und dabei die Zahlengerade zu nutzen.
→ ganze Zahlen zu addieren und subtrahieren.
→ mit ganzen Zahlen im Koordinatensystem zu arbeiten.

Die höchste in Deutschland gemessene Temperatur lag bei über 42 °C.
Die niedrigste in Deutschland gemessene Temperatur lag bei unter −37 °C.
Wasser gefriert bei 0 °C.
Warum gibt es eigentlich bei Temperaturen die Vorzeichen + und −?
Welche Temperatur zeigt das Thermometer an?

ANWENDEN

1 Warum braucht man negative Zahlen? Erkläre mithilfe der Bilder.

① 

② 

③ 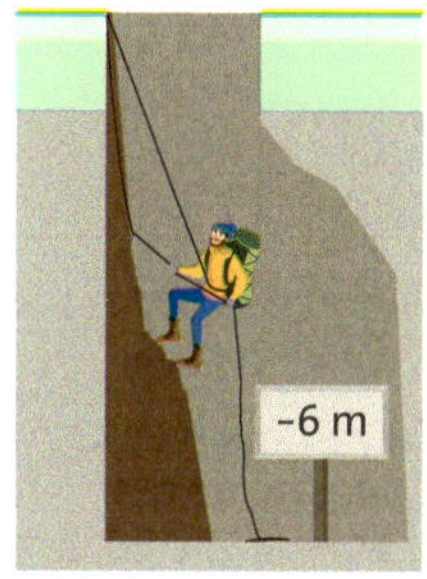

④ 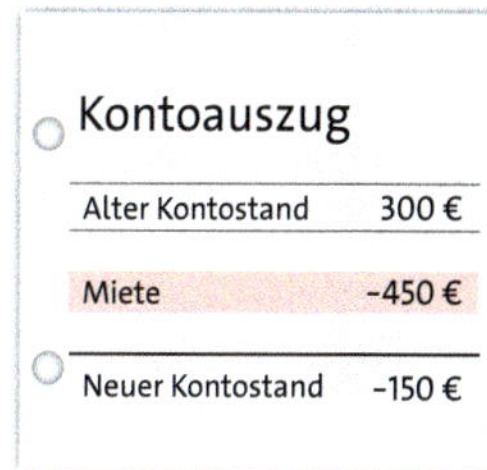

2 Positiv oder negativ? Ordne zu.

– | +25 °C | –5 °C | +19 °C | –10 °C | –8 °C | +9 °C | +

Tipp Positiv: +
Negativ: –

Strategie Schlüsselwörter für Vorzeichen
Es gibt wichtige Wörter, an denen du erkennen kannst, ob eine Zahl ein positives oder negatives Vorzeichen hat.
Schlüsselwörter sind z. B.
positiv: plus, über, hoch, Guthaben
negativ: minus, unter, tief, Schulden

3 Setze im Heft das richtige Vorzeichen ein.

a) 15 °C unter Null ■ 15 °C
b) 123 € Guthaben ■ 123 €
c) 3. Untergeschoss ■ 3
d) 45 m tief ■ 45 m
e) 22 °C über Null ■ 22 °C
f) 50 € Schulden ■ 50 €
g) minus 7 °C ■ 7 °C

4 Positiv oder negativ?
Schreibe mit dem richtigen Vorzeichen.

a) Am Nordpol waren es heute 50 °C unter Null.
b) Im letzten Juli war es 40 °C heiß.
c) Das Wrack der Titanic liegt 3800 m tief.
d) Die Zugspitze ist 2962 m hoch.

Tipp Schlüsselwörter:
a) unter
b) heiß
c) tief
d) hoch

5 Beschreibe das Bild.
Wo findest du positive Zahlen, wo negative?

Tipp Der Kaffee ist ■ °C warm.
Die Temperatur ist positiv.

ANWENDEN

1 Lies die Zahlen vom Thermometer ab.

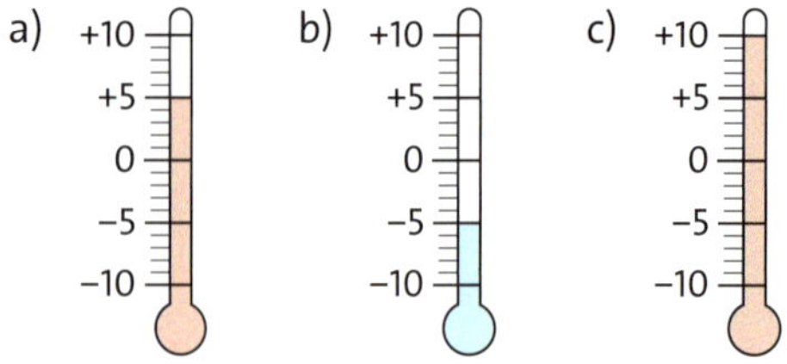

Tipp Achte auf die Vorzeichen: + oder – ?

2 Auf welche Zahlen zeigen die Pfeile?

a)

b)

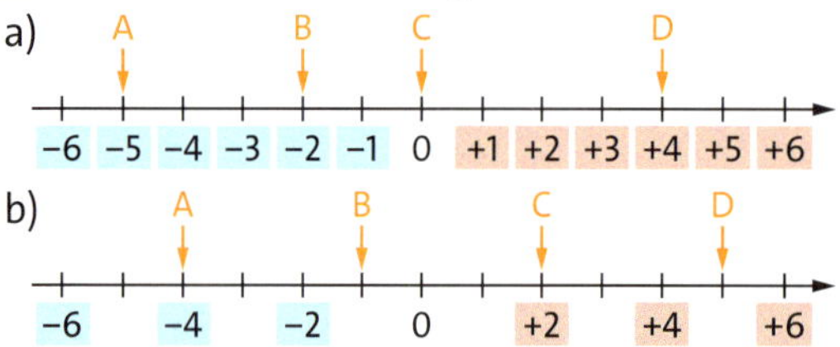

Tipp Die Zahlen unter der Zahlengeraden teilen die Zahlengerade gleichmäßig ein.
a) Lies die Zahlen ab.
b) Ergänze die Beschriftung und lies ab.

3 Ergänze die Beschriftung im Heft.

a)

b)

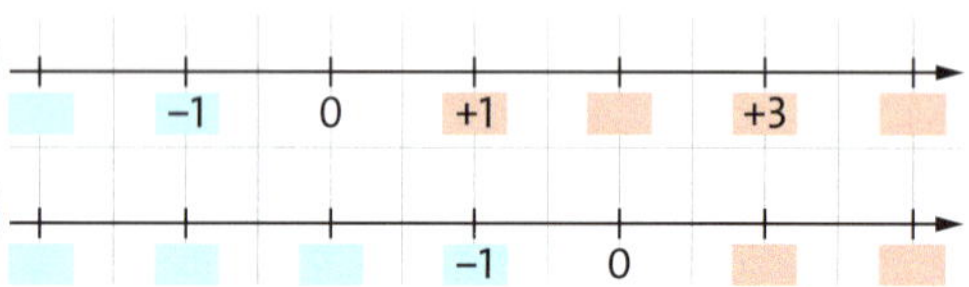

Tipp Achte auf die 0:
Die Zahlen links von der 0 sind negativ.
Die Zahlen rechts von der 0 sind positiv.

4 Daniela hat zwei Zahlengeraden gezeichnet, dabei sind ihr Fehler unterlaufen.
Beschreibe, welche Fehler Daniela gemacht hat. Berichtige im Heft.

a) b)

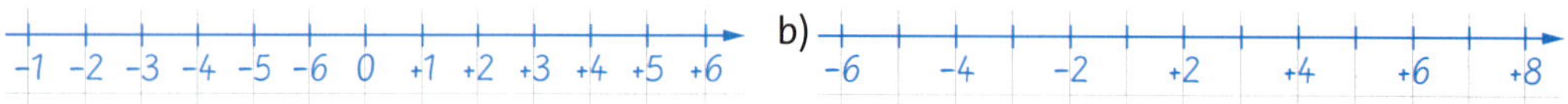

5 Ordne die Zahlen an einer Zahlengeraden.

–4 +4 +1 +2 –1 0

Tipp Zeichne eine Zahlengerade von -4 bis +4.

6 Schreibe die Zahl und ihre Gegenzahl auf.
+5; –8; –16; +100

Tipp –3 ist die Gegenzahl von +3, da beide den gleichen Abstand zur 0 haben.

Info Der Betrag
Der Abstand zur Null heißt Betrag.

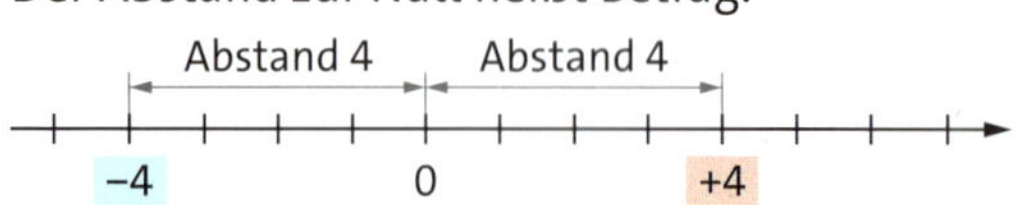

Der Betrag von –4 ist 4.
Man schreibt: |–4| = 4

7 Notiere den Betrag der Zahl.
Tipp |+4| = 4
a) –42 b) +72 c) +54
d) –122 e) –89 f) –7

8 Welche Zahlen haben den Betrag?
a) 78 b) 5 c) 135

Hinweis
Das „+“ kann man auch weglassen.

9 Vergleiche. Setze ein: <, > oder =.
a) +9 ▢ –9 b) 0 ▢ +4
c) +10 ▢ –10 d) –10 ▢ –2
e) +2 ▢ +10 f) +5 ▢ 0

Tipp Überlege dir, wo die Zahlen auf der Zahlengerade stehen. Je weiter rechts sie stehen, desto größer sind sie.

ANWENDEN

1 Zunahme oder Abnahme? Begründe.
Tipp Wird es mehr oder wird es weniger?
a) Der Fahrstuhl fährt 5 Etagen nach oben.
b) Der Fahrstuhl fährt 2 Etagen nach unten.
c) Die Temperatur nimmt um 2 °C ab.
d) Die Temperatur nimmt um 5 °C zu.

Tipp Schlüsselwörter:
a) oben
b) unten
c) nimmt ab
d) nimmt zu

2 Nimmt die Temperatur zu oder ab?
Schreibe die neue Temperatur auf.

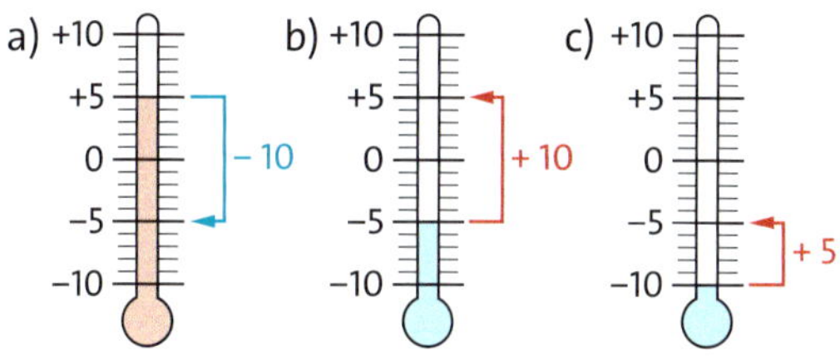

Tipp
Rechenzeichen +: Zunahme
Rechenzeichen −: Abnahme

3 Schreibe die Rechnung als Pfeilbild.
Tipp −5 —+7→ +2   −2 ←−8— +6

a)
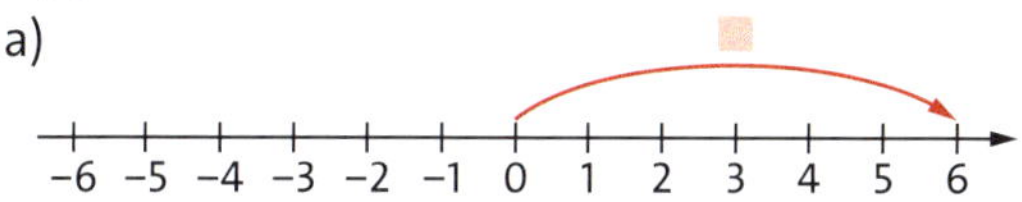

b)
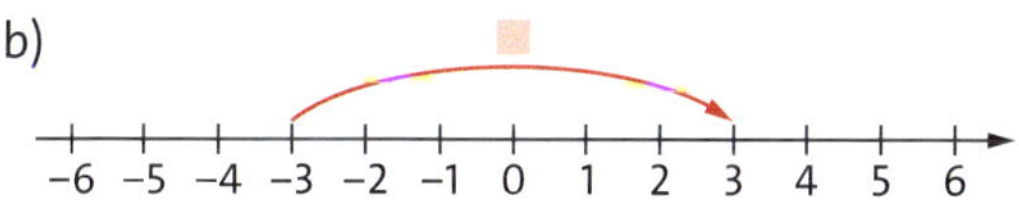

c)
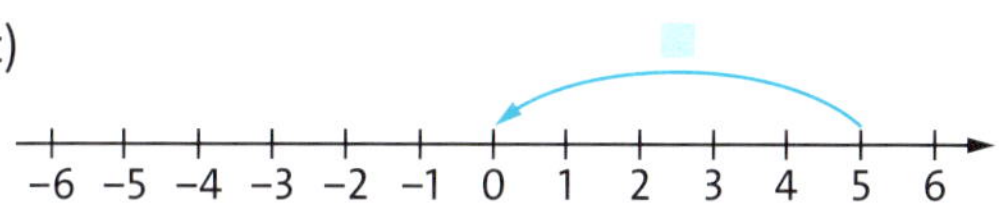

d)
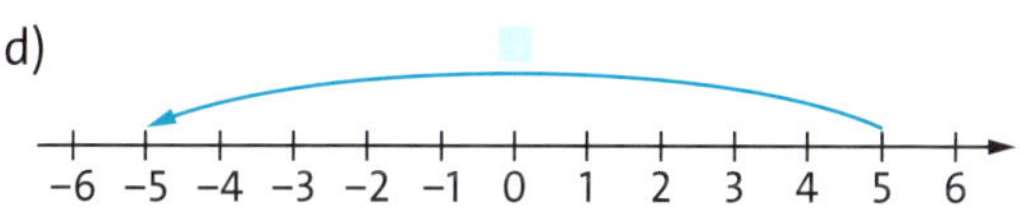

Tipp
a) 0 —+▒→ ▒
b) −3 —+▒→ ▒
c) ▒ ←−▒— 5
d) ▒ ←−▒— 5

Strategie Vor- und Rechenzeichen
Das **Vorzeichen** gibt an, ob eine Zahl positiv oder negativ ist: Es ist **+1 °C**.
Das **Rechenzeichen** gibt eine Veränderung an:
Die Temperatur ändert sich um −5 °C.

4 Wo findest du Vorzeichen?
Wo Rechenzeichen? Erkläre.

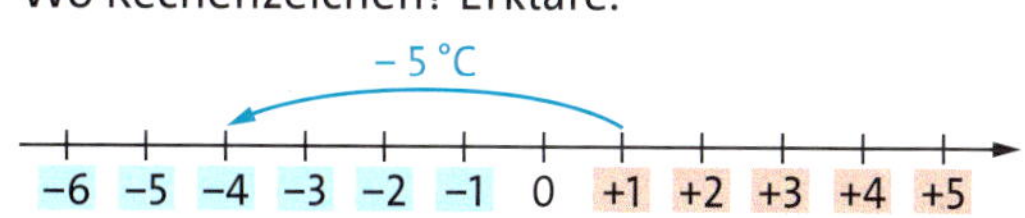

Hinweis
Nicht immer steht das Rechenzeichen im Text. Achte auf Schlüsselwörter.

5 Ordne zu. Wo findest du jeweils Vorzeichen, wo Rechenzeichen?
a) Es sind +4 °C.
Die Temperatur ändert sich um −6 °C.
Jetzt sind es −2 °C.
b) Es ist 6 °C wärmer geworden.
Vorher waren es −4 °C, jetzt sind es +2 °C
c) Die Temperatur sinkt von 6 °C um 4 °C auf 2 °C.

① −4 °C —+6 °C→ +2 °C
② −2 °C ←−6 °C— +4 °C
③ +2 °C ←−4 °C— +6 °C

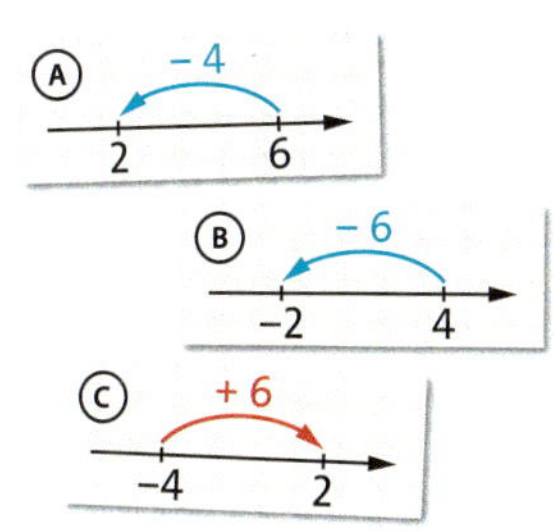

6 Stelle die Rechengeschichte an einer Zahlengeraden dar.
Der Fahrstuhl ist in der Etage −1.
Er fährt 4 Etagen nach oben.
Der Fahrstuhl ist jetzt in der Etage 3.

Tipp −1 —(+4)→ +3

7 Schreibe jeweils eine Rechengeschichte.

a)
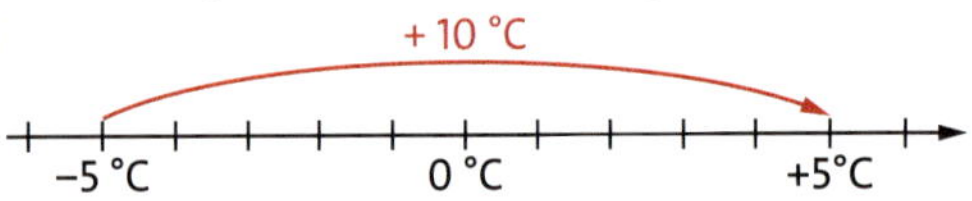

b)
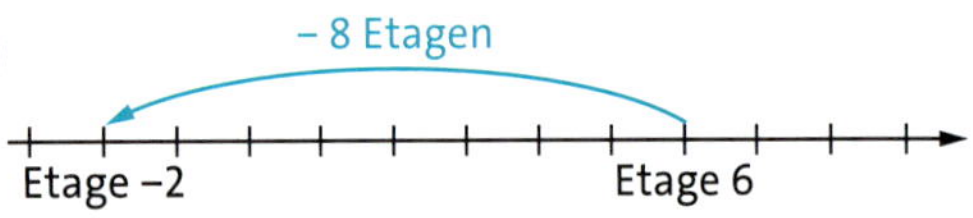

c) Erfindet eigene Rechengeschichten und löst sie gegenseitig.

Tipp
a) Am Morgen sind es ■.
Bis zum Mittag ■ die Temperatur um ■.
Dann sind es ■.
b) Der Fahrstuhl ist in der Etage ■.
…

8 Ergänze die Lücken im Heft.
a) −3 °C —(+ 5 °C wärmer)→ ■
b) −5 °C —(+ 2 °C wärmer)→ ■
c) ■ ←(− 10 °C kälter)— +6 °C
d) ■ ←(− 3 °C kälter)— −1 °C

Tipp
wärmer: gehe nach rechts
kälter: gehe nach links

9 Ergänze die Tabelle im Heft.

alter Wert	Änderung	neuer Wert
−5 m	+5 m	
−3 °C	+8 °C	
5 Punkte	−6 Punkte	
−3 m	−4 m	

Tipp Eine Zahlengerade kann helfen.

Hinweis
Vorzeichen
−2 + 4,5 = +2,5
Rechenzeichen

10 Welche Rechnung gehört zur Zahlengeraden?
① −4 − 3 = −7
② −3 + 7 = +4
③ +4 − 7 = −3
④ −4 + 3 = +1

a)
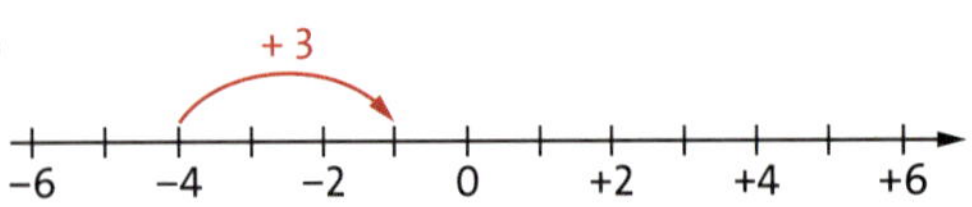

b)
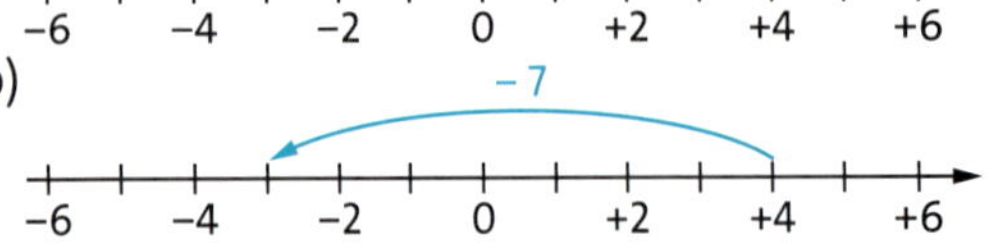

Tipp
Beispiel: −2 + 8 = +6

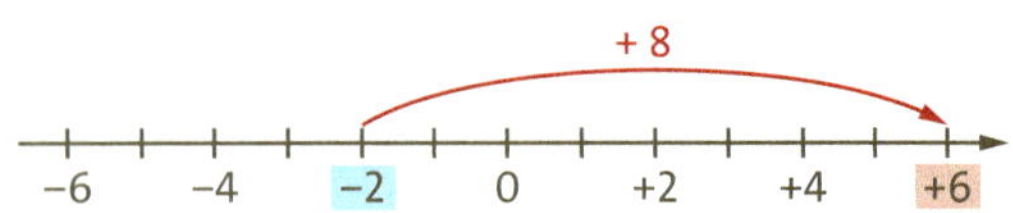

11 Schreibe als Rechnung und löse.
a) Arne steigt in Etage −2 in den Fahrstuhl.
Er fährt 4 Etagen nach oben.
b) Es sind 5 °C.
Über Nacht wird es 9 °C kälter.
c) Auf dem Konto sind −20 €.
Es werden 50 € eingezahlt.

Tipp zu a)
Arne steigt in Etage −2 in den Fahrstuhl.
Er fährt 4 Etagen nach oben.
Rechnung: −2 + 4 = ■

Thema Vervielfachen und Teilen

Mia hat sich 4-mal 3 € geliehen: $4 \cdot (-3\,€)$.
Mia hat jetzt 12 € Schulden, also $-12\,€$.

Multipliziert man eine positive Zahl mit einer negativen Zahl, ist das Ergebnis negativ.

Beispiel 1

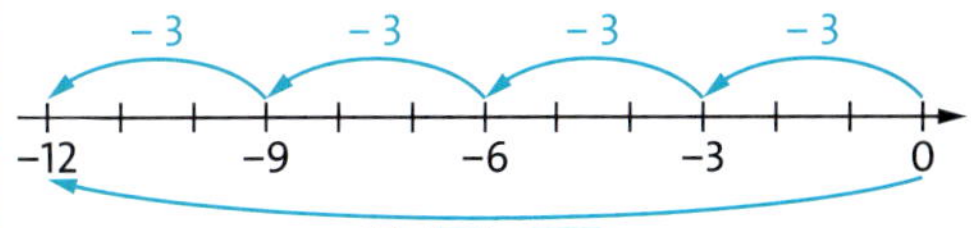

$4 \cdot (-3) = -12$

Dilan zahlt 80 € Schulden in 4 Raten ab:
$-80\,€ : 4$.
Für jede Rate muss er 20 € zahlen, also $-20\,€$.

Dividiert man eine negative Zahl durch eine positive Zahl, ist das Ergebnis negativ.

Beispiel 2

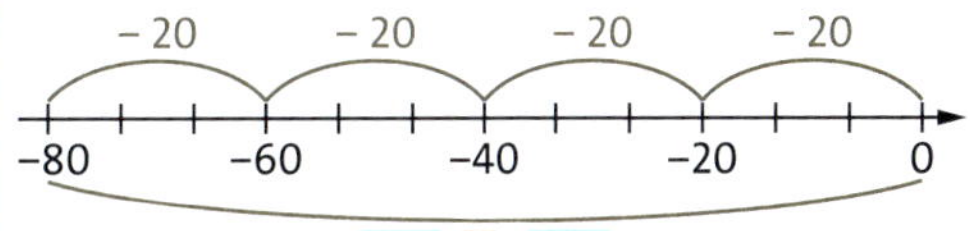

$-80 : 4 = -20$

Prüfe mit der **Umkehraufgabe**:
$4 \cdot (-20) = -80$

ANWENDEN

1 Schreibe als Multiplikation und löse.

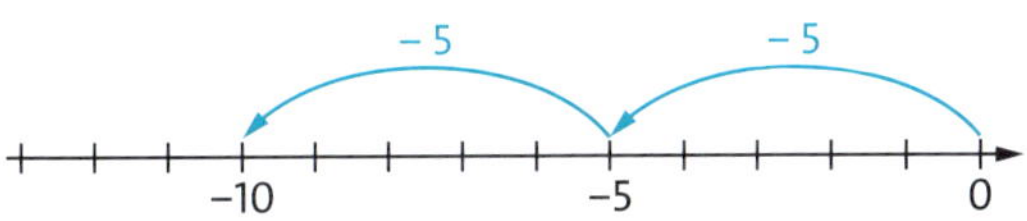

Tipp
„Anzahl Pfeile" · „Zahl auf Pfeil" = -10

2 Berechne an der Zahlengeraden.
a) $3 \cdot (-2)$ b) $3 \cdot (-5)$ c) $4 \cdot (-3)$

Tipp Zeichne jeweils eine Zahlengerade von -15 bis 0.

3 Schreibe als Division und löse.

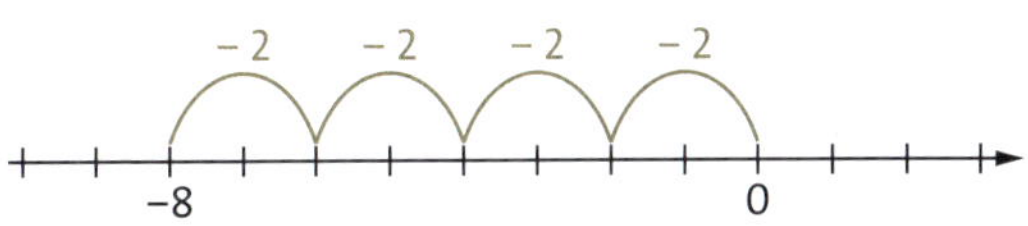

Tipp
-8 : „Anzahl Bögen" = „Zahl auf Bogen"

4 Berechne. Prüfe mit der Umkehraufgabe.
a) $-10 : 5$ b) $-15 : 3$ c) $-14 : 2$

Tipp Eine Zahlengerade kann helfen.

5 Löse die Sachaufgaben.
a) Alex muss 5 Raten zu je 300 € zahlen. Wie hoch sind seine Schulden insgesamt?
b) Frau Vogel möchte 400 € in 8 Raten zurückzahlen. Wie hoch ist der Betrag einer Rate?

6 Mika sagt: „Eine Multiplikation kann man auch als Addition schreiben:
$4 \cdot 10 = 10 + 10 + 10 + 10 = 40$.
Das geht auch mit negativen Zahlen:
$4 \cdot (-10) = (-10) + (-10) + (-10) + (-10) = -40$.
a) Erkläre Mikas Schreibweise.
b) Schreibe als Addition und berechne:
$4 \cdot (-6)$ $6 \cdot (-4)$ $5 \cdot (-8)$ $8 \cdot (-5)$

ANWENDEN

1 Welcher Punkt gehört zu den Koordinaten?
① (+3|+1) ② (+3|−1) ③ (+5|−4)
④ (−2|−2) ⑤ (−2|+2) ⑥ (−5|+4)

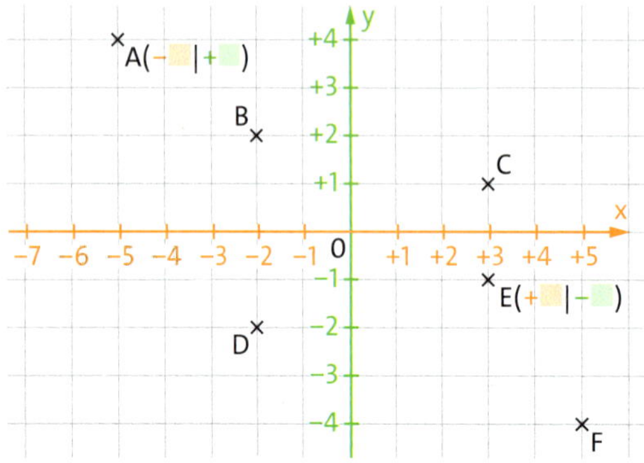

Tipp
erst nach rechts oder links,
dann nach oben oder unten

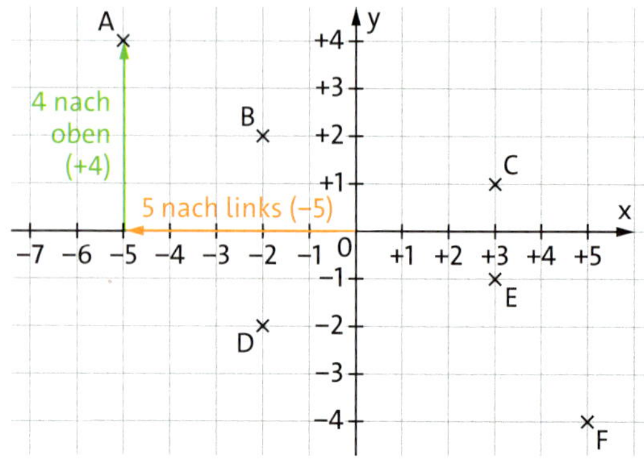

2 Welche Koordinaten haben die Punkte?
Tipp A(+3|): 3 nach rechts und + nach oben

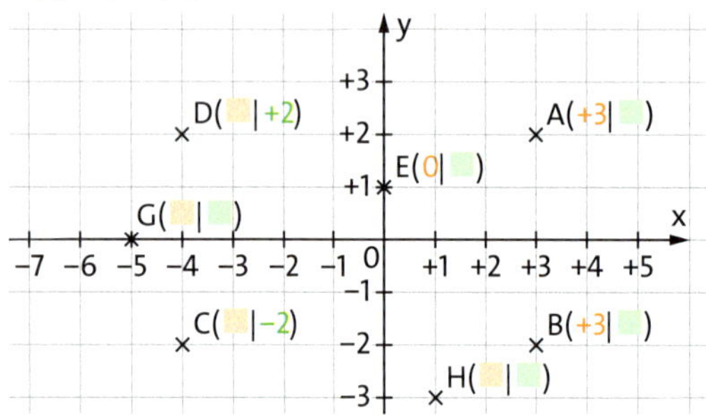

Tipp
A(+3|) Lies an der y-Achse ab.
B(|+3) Lies an der x-Achse ab.

3 Welche Fehler wurden gemacht? Erklärt sie euch gegenseitig.

a)
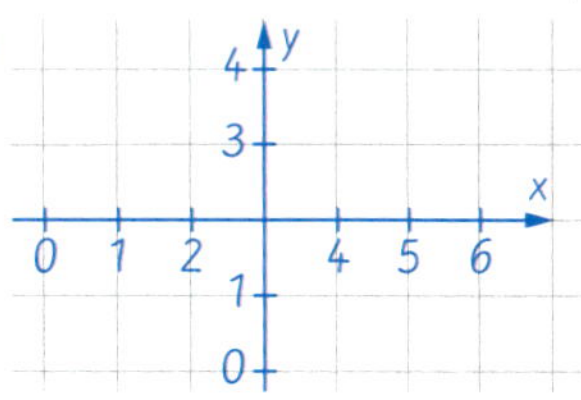

b)
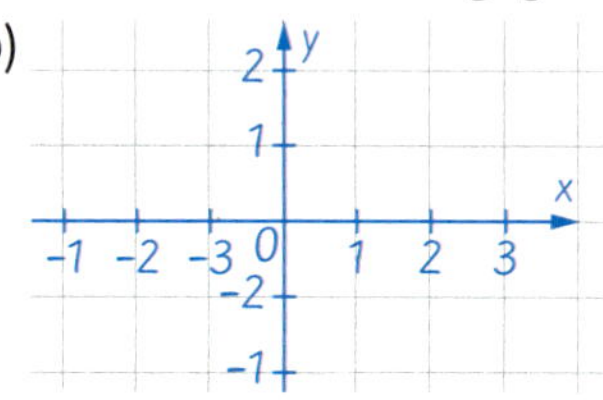

c)
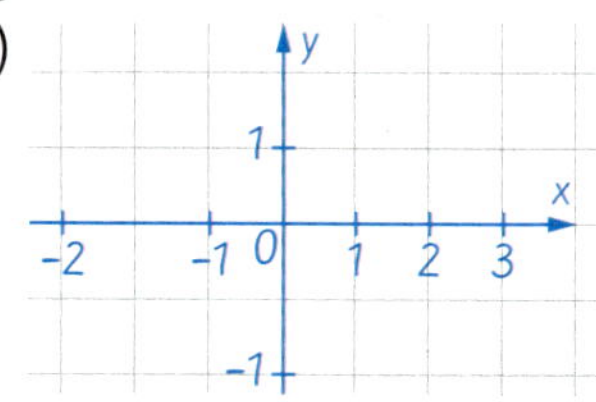

4 Zeichne ein Koordinatensystem mit den Achsen von −6 bis +6.
Trage die Punkte ein.
A(+1|+3); B(+5|+1); C(+6|−2); D(0|−5);
E(−3|−4); F(−5|−2); G(−4|+2); H(−1|+3)

Tipp Gehe erst in Haus (vorwärts oder rückwärts) und fahre dann mit dem Fahrstuhl (nach oben oder nach unten).

Hinweis
Das „+" kann man auch weglassen.

5 Zeichne ein Koordinatensystem.
Trage die Punkte ein und verbinde sie.
Tipp Zeichne die Achsen von −5 bis +5.
a) A(+3|+1); B(+3|+5); C(−1|+5); D(−1|+1)
b) E(0|0); F(+2|−2); G(0|−4); H(−2|−2)

Tipp
Es entstehen zwei Quadrate.

6 Denke dir Vierecke aus und zeichne sie in ein Koordinatensystem.
Diktiere die Eckpunkte deinem Partner. Vergleicht eure Vierecke.

Thema Rationale Zahlen

1 Temperaturrekorde in Deutschland

wärmster Tag: +42,6 °C

kältester Tag: −37,8 °C

Wir haben bei uns heute 43 °C gemessen.

Bei uns waren es in letzten Winter −37,9 °C.

a) Begründe, warum es bei Frau Zwick und Herrn Müller neue Rekorde gegeben hat.
b) Charlotte sagt: „In Frankreich lagen die Rekorde bei +46,0 °C und −41,0 °C.“ Vergleiche mit den Rekorden in Deutschland.
c) Recherchiere im Internet. Wo liegen die aktuellen Hitze- und Kälterekorde in Deutschland/in Europa?

2 Yagna hat zu Hause die Außentemperaturen gemessen:

Mo	Di	Mi	Do	Fr	Sa	So
−2,5 °C	−3,7 °C	−4,2 °C	−2 °C	−0,6 °C	2,1 °C	1,3 °C

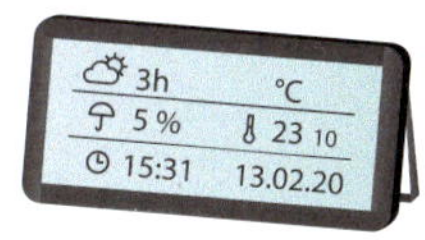

a) An welchem Tag war die Temperatur am höchsten, an welchem Tag war sie am niedrigsten?
b) Ordne die Temperaturen der Größe nach. Beginne mit der niedrigsten.

Bei vielen Messungen ist es sinnvoll, die Werte sehr genau anzugeben. Deshalb benötigt man dazu **Dezimalzahlen** und **Brüche**. Dezimalzahlen und Brüche können positiv oder negativ sein.

Beispiel 1
Dezimalzahlen: +0,3 +1,2 +2,5 −0,9 −1,2

Brüche: $+\frac{1}{2}$ $+\frac{3}{4}$ $-\frac{1}{10}$ $-\frac{3}{5}$ $-2\frac{3}{10}$

Rationale Zahlen kann man auf der **Zahlengeraden** darstellen und vergleichen:

Beispiel 2

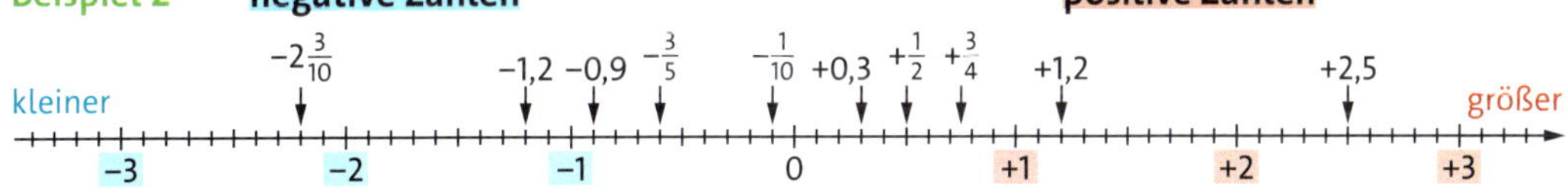

Je weiter links eine Zahl auf der Zahlengerade liegt, desto kleiner ist sie.

Beispiel 3

a) −1,2 liegt **links** von −0,9,
also ist −1,2 **kleiner** als −0,9.
$-1{,}2 < -0{,}9$

b) $+\frac{3}{4}$ liegt **rechts** von $-\frac{1}{10}$,
also ist $+\frac{3}{4}$ **größer** als $-\frac{1}{10}$.
$+\frac{3}{4} > -\frac{1}{10}$

Zusammen mit den ganzen Zahlen bilden die positiven und negativen Dezimalzahlen und Brüche die **rationalen Zahlen**:

$\mathbb{Q} = \{\dots\ -2\frac{3}{10};\ \dots\ -2;\ \dots\ -1{,}2;\ \dots\ -1;\ \dots\ -0{,}9;\ \dots\ -\frac{3}{5};\ \dots\ 0;\ \dots\ +0{,}3;\ \dots\ +\frac{1}{2};\ \dots\ +1;\ \dots\ +1{,}2;\ \dots\ +2;\ \dots\}$

ANWENDEN

1 Auf welche Zahlen zeigen die Pfeile?

a)
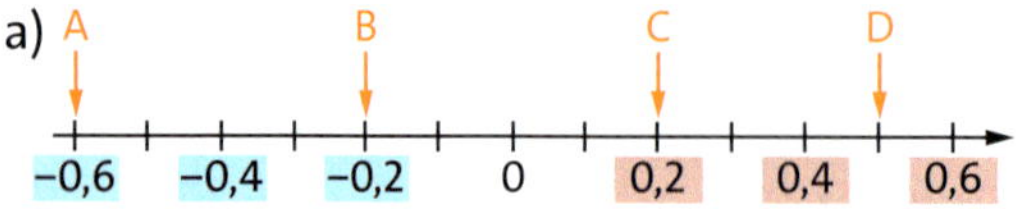

b)
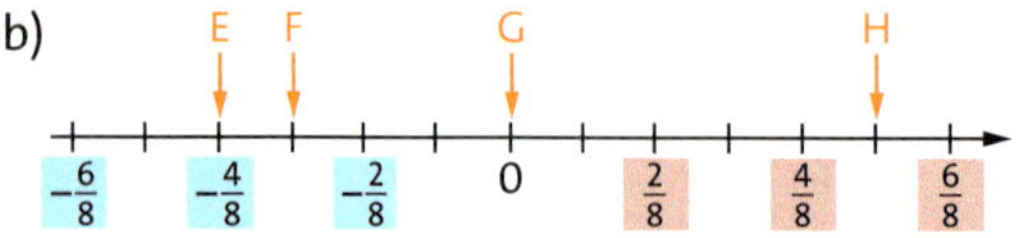

Tipp Achte auf den Abstand der Markierungen auf der Zahlengerade.

2 Wurden die Zahlen richtig abgelesen? Berichtige die Fehler.

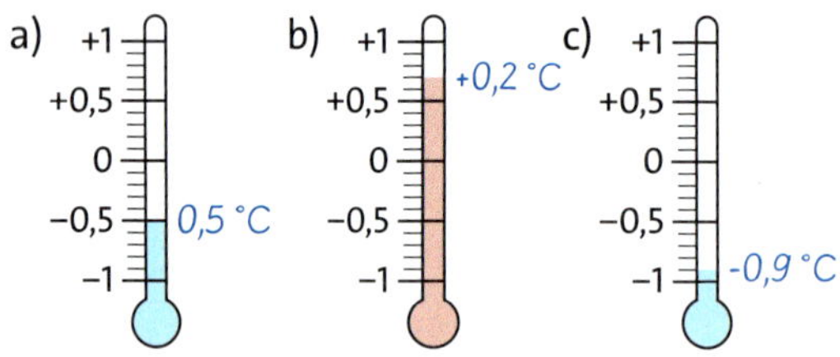

Tipp Überlege dir, wie viele Einheiten du von Null aus nach oben oder nach unten gehen musst.

3 Kleiner oder größer?
Setze im Heft < oder > ein.

a) +0,1 ▪ −0,1 b) −0,5 ▪ −0,3
c) +3,1 ▪ +2,4 d) −1,0 ▪ −1,1

Tipp

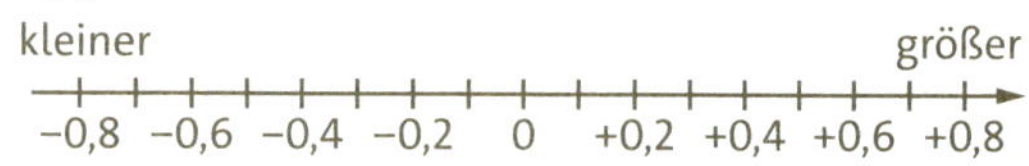

4 Kleiner oder größer?
Setze im Heft < oder > ein.

a) $+\frac{1}{2}$ ▪ $-\frac{1}{2}$ b) $+\frac{4}{10}$ ▪ $+\frac{3}{10}$
c) $-\frac{1}{4}$ ▪ $-\frac{3}{4}$ d) $-\frac{1}{2}$ ▪ $+\frac{1}{10}$

Tipp Überlege dir, wo die Zahlen auf der Zahlengerade stehen. Je weiter rechts sie stehen, desto größer sind sie.

5 Ordne die Zahlen der Größe nach.
Beginne mit der kleinsten Zahl.

42,6 −30 −13,6 1,1 −13,1 0 5,4

Tipp Das „+“ kann man weglassen.

6 Welche Zahl liegt zwischen −1 und 0?

0,2 −1,5 1,1 −1,2 −0,4

Tipp Sind die Zahlen zwischen −1 und 0 positiv oder negativ?
Sind die Zahlen größer oder kleiner als −1?

7 Koordinatensystem
a) Welche Koordinaten haben die Punkte?
b) Zeichne ein Koordinatensystem und trage die Punkte A bis F ein.
A(4|1,5); B(6|−2,5);
C(−4,5|0); D(−3|5);
E(−2,5|−0,5); F(−1,5|−5,5)

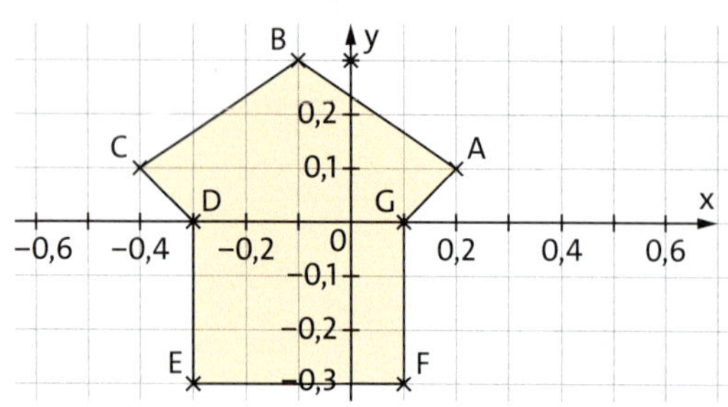

Zuordnungen

In diesem Kapitel lernst du, ...

→ Zuordnungen zu erkennen und sie darzustellen.
→ proportionale Zuordnungen zu erkennen.
→ mit dem Zweisatz und Dreisatz zu rechnen.

Jeder Hose ist ein Preis zugeordnet, der sogenannte Einzelpreis.
Kauft man zwei gleiche Hosen,
so muss man zweimal den Einzelpreis bezahlen.
Nicht immer zahlt man beim Einkaufen pro Stück.
Es gibt auch Kilopreise oder Literpreise.
Kennst du Beispiele dafür?

ANWENDEN

1 Schreibe die Wertepaare der Zuordnung Tier ⟶ Anzahl der Beine auf.
Tipp (Tausendfüßler | 400 Beine)

0 | 4 | 6 | 2 | 8 | 400

2 Schreibe die Zuordnung mit einem Pfeil.
Tipp Tier ⟶ ■

a) Jedem Tier wird die Anzahl der Beine zugeordnet.
b) Jedem Kind wird eine Klasse zugeordnet.
c) Jeder Person wird ein Geburtstag zugeordnet.
d) Schreibe jeweils ein Beispiel für ein Wertepaar auf.
Tipp zu a) (Hund | 4 Beine)

Tipp zu d) Beispiele für Wertepaare sind hier durcheinander:

2 Beine | Katze | Lena | Tim | 1.9. | 6 a | Vogel | Marie | 6 b | Lena | 4 Beine | 16. 5. | Mario

3 Wo leben die Tiere?
Beschreibe die Zuordnung mit Worten.

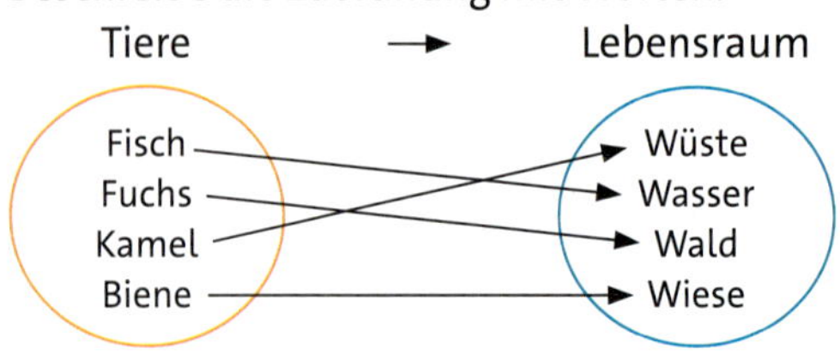

Tipp Schreibe insgesamt 4 Sätze:
... in der Wüste.
... im Wasser.
... im Wald.
... auf Wiesen.

4 Ergänze die Sätze im Heft

a)

Person	Maren	Tim	Lisa
Beruf	Lehrerin	Koch	Polizistin

Jeder ■ wird ein Beruf zugeordnet.
Maren ist ■. Tim ist ■. Lisa ist ■.

b)

Schüler	Tobias	Sophia	Dunja
Haustier	Hund	Katze	Vögel

Jedem Schüler wird ein ■ zugeordnet.
Tobias hat einen ■. Sophia hat eine ■.
Dunja hat ■.

Tipp
zu a) Setze die Wörter richtig ein:
Lehrerin | Polizistin | Person | Koch

zu b) Setze die Wörter richtig ein:
Katze | Vögel | Hund | Haustier

5 Welche Zuordnung ist dargestellt?
Übertrage die Werte in eine Tabelle.

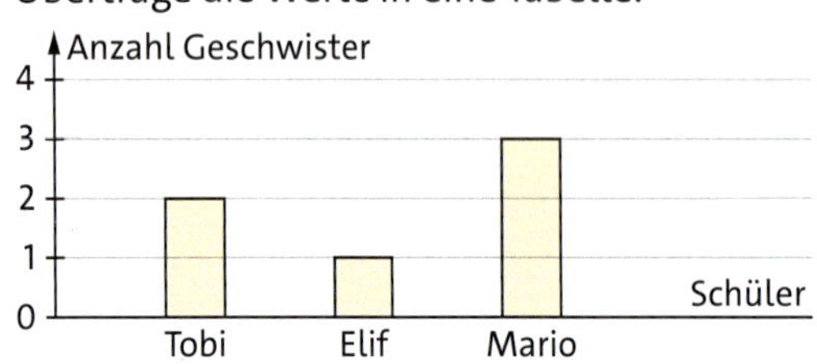

Tipp

Schüler	Tobi	Elif	Mario
Anzahl der Geschwister			

6 Ergänze die Tabelle im Heft.
Zeichne ein passendes Säulendiagramm.

Kind	Ina	Tom	Rabia	
Note	3			5

Tom hat eine 1 geschrieben.
Rabia hat eine 2 geschrieben.
Jan hat eine 5 geschrieben.

Tipp

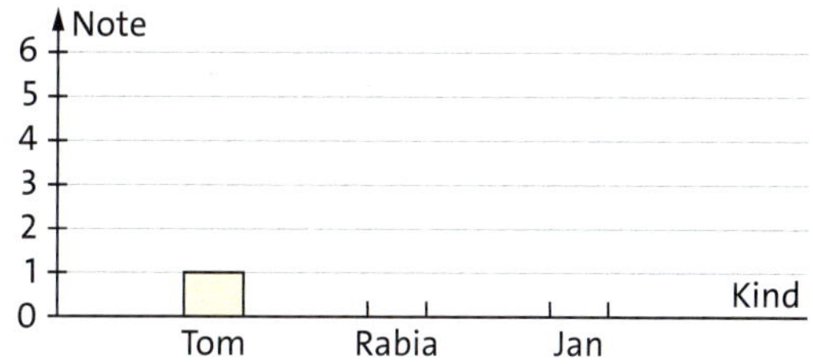

7 Beschreibe das Diagramm.

So wächste eine Bohnenpflanze

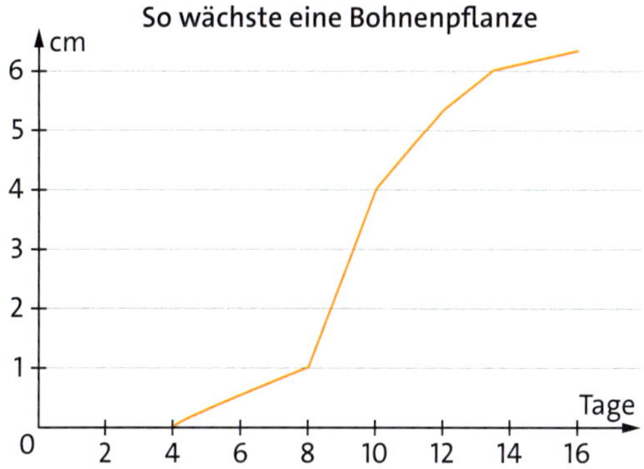

a) Wie groß ist die Bohne nach 10 Tagen?
b) Wie groß ist die Bohne nach 14 Tagen?
c) Wie viel cm ist die Bohne vom 8. bis zum 14. Tag gewachsen?
Tipp Berechne den Unterschied.

Tipp zu a)

So wächste eine Bohnenpflanze

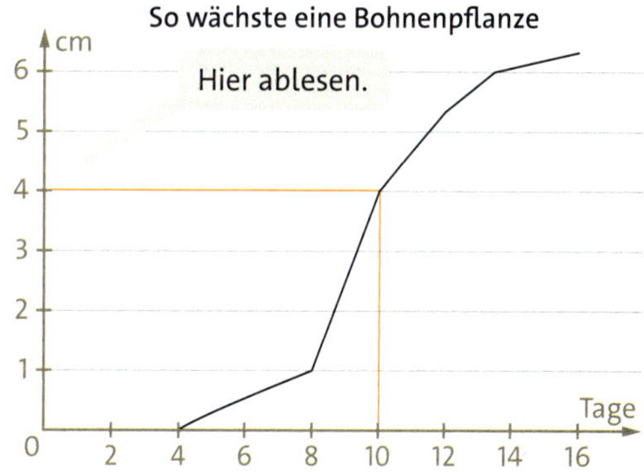

Methode Wertepaare als Koordinaten

① Achsen zeichnen und beschriften
– x-Achse: Ausgangswert
– y-Achse: zugeordneter Wert

② **Wertepaare** aus der Tabelle ablesen
– x-Koordinate: Wert in der oberen Zeile
– y-Koordinate: Wert in der unteren Zeile
Das Wertepaar ergibt die **Koordinaten** für den Punkt.
Verbindet man die Punkte miteinander, entsteht der **Graph der Zuordnung**.

8 Temperaturen im März

Tag	1	2	3	4	5	6	7
Temperatur in °C	5	3	4	5	2	3	5

a) Gib die Wertepaare als Punkte an.
Tipp Das Wertepaar mit den Koordinaten x = 1 und y = 5 ergibt den Punkt A(1|5).
b) Zeichne die Punkte in ein Koordinatensystem ein. Verbinde sie zum Graphen.
Tipp Zeichne die x-Achse (Tag) bis 7 und die y-Achse (Temperatur) bis 5.

9 Temperaturen im Februar

Tag	1	2	3	4	5	6	7
Temperatur in °C	4	3	1	4	7	6	2

a) Gib die Wertepaare als Punkte an.
Tipp 1. Tag → 4 °C P(1|4)
b) Zeichne die Punkte in ein Koordinatensystem.
c) Verbinde die Punkte zu einem Graphen.

Tipp

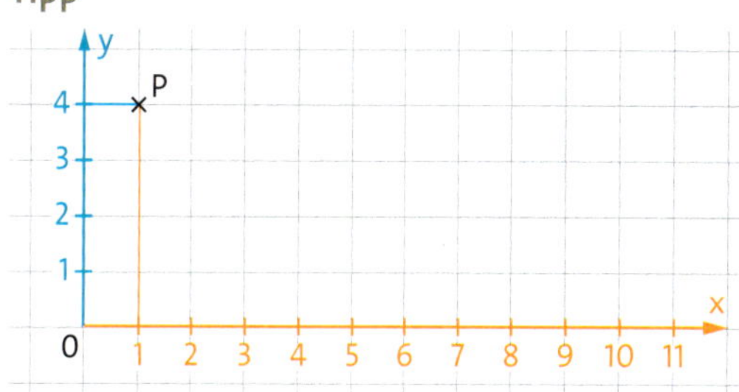

ANWENDEN

1 Vervollständige die Sätze.

1 Stunde Tennisunterricht kostet 10 €.

a) Die doppelte Anzahl an Tennisstunden sind ■ Stunden. Sie kosten ■ €.

b) Die dreifache Anzahl an Tennisstunden sind ■ Stunden. Sie kosten ■ €.

c) Die vierfache Anzahl an Tennisstunden sind ■ Stunden. Sie kosten ■ €.

d) Eine halbe Stunde Tennis kostet nur die Hälfte, also ■ €.

Tipp Lösungszahlen:

20 5 40 2 4 30 3

2 Ergänze die Tabelle im Heft.

Tipp zu a) Hier musst du multiplizieren.

a)

	Anzahl	Preis in €	
	2	5	
$\cdot 3$			$\cdot 3$

Tipp zu b) Hier musst du dividieren.

b)

	Anzahl	Preis in €	
	4	12	
$:2$			$:2$

Tipp Folge den Pfeilen und rechne aus:

a) $2 \cdot 3 =$ ■ $5 \cdot 3 =$ ■

b) $4 : 2 =$ ■ $12 : 2 =$ ■

3 Dilara geht gerne im Park joggen. Ihre Laufstrecke ist 2,1 km lang.

a) Sie läuft dreimal pro Woche. Wie viele km läuft sie insgesamt?

b) Wie viele km läuft Dilara insgesamt im Monat?

Tipp Ein Monat hat 4 Wochen.

Tipp

zu a) $3 \cdot 2{,}1 =$ ■ oder $2{,}1 \cdot 3 =$ ■

zu b) Multipliziere das Ergebnis von a) mit 4.

4 Ergänze die Tabelle der proportionalen Zuordnung im Heft.

a)

Anzahl	2	4	6	8	10	12	14
kg	5						

b)

Anzahl	1	2	4	5	6	8	10
kg			12				

c)

Anzahl	1		3	5	6	8	
kg		10			30		65

5 Berechne mit einer Tabelle.

1 kg
2,50 €

a) Erstelle eine Tabelle und berechne die Preise für 2 kg, 3 kg und 5 kg Kartoffeln.

b) Wie viel kosten 500 g Kartoffeln?

Tipp

$\cdot 2$ $\cdot 3$ $\cdot 5$ $:2$

Gewicht in kg	1	2	3	5	0,5
Preis in €	2,50	■	■	■	■

Methode Graph einer proportionalen Zuordnung

Der Graph einer proportionalen Zuordnung ist immer ein **Strahl**.
Er beginnt im Ursprung (0|0) des Koordinatensystems.

x	0	1	2	3	4
y	0	0,5	1	1,5	2

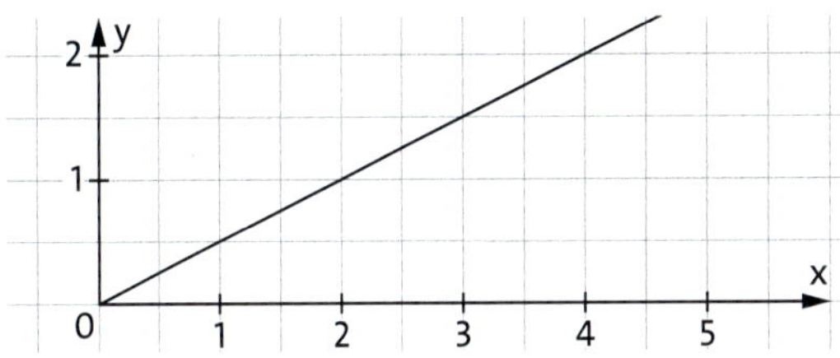

6 Graph im Koordinatensystem

a) Ergänze die Tabelle im Heft.

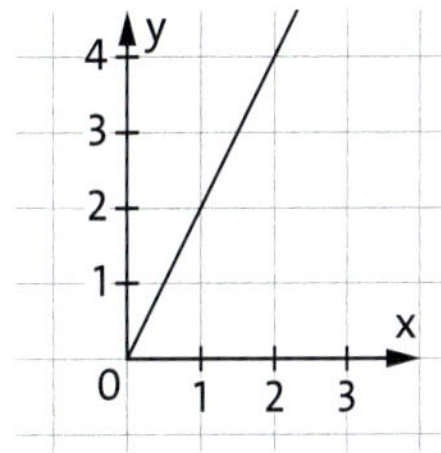

x	0	1	2
y			

b) Zeichne die Punkte in ein Koordinatensystem.
Liegen alle Punkte auf einem Strahl?

x	0	1	2	3	4
y	0	3	6	9	12

7 Zeichne den Graphen der proportionalen Zuordnung.

a)

Anzahl	1	2	3	4
Preis in €	1	2	3	4

b)

Anzahl	1	2	3	4
Preis in €	2	4	6	8

Tipp

zu a) Die x-Achse und die y-Achse müssen beide mindestens 4 cm lang sein.

zu b) Die x-Achse muss mindestens 4 cm lang sein und die y-Achse mindestens 8 cm.

8 Graphen im Koordinatensystem

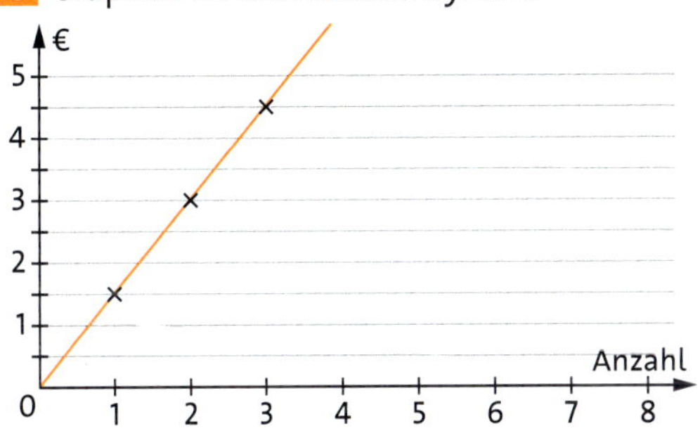

a) Zeichne eine Wertetabelle ins Heft.
Lies die Wertepaare vom Graphen ab und übertrage sie in die Tabelle.

b) Ist die Zuordnung proportional?
Tipp Begründe mit der Tabelle oder mit dem Graphen.

Tipp Zeichne die Tabelle ins Heft:

Anzahl	1	2	3
Preis in €	▒	▒	▒

9 Beschreibt die Zuordnungen. Welche Zuordnungen sind proportional? Begründet?

①

Alter in Jahren	1	2	3
Größe in cm	80	90	100

② Anzahl Eintrittskarten ⟶ Preis

③

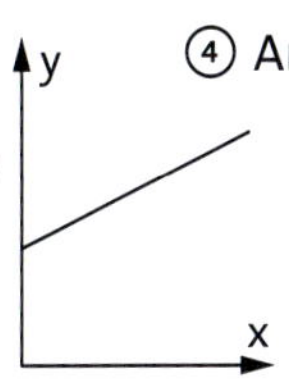

④ Anzahl Hausaufgaben ⟶ Zeit

⑤

Anzahl	3	6	9
kg	1,2	2,4	3,6

⑥

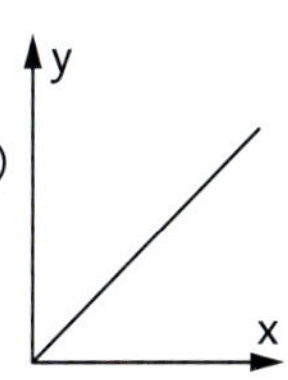

10 Wachstum der Kopfhaare

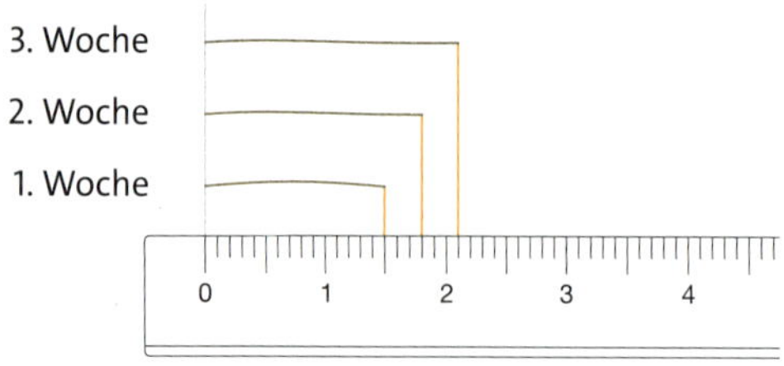

a) Was ist hier einander zugeordnet? Beschreibe.
b) Ist die Zuordnung proportional? Begründe.

Tipp zu b) Hilfsfrage: Kann ich oben und unten das Gleiche rechnen?

Zeit in Wochen	1	2	3
Haarlänge in cm			

11 Luis hat bei der Tabelle Fehler gemacht.

·2 ·2

Gewicht in g	*100*	*200*	*400*
Preis in €	*0,75*	*1,00*	*2,00*

·2 ·2

Zeichne die Tabelle der proportionalen Zuordnung ins Heft und berichtige die Fehler.

Tipp Beginne ganz links. Folge den Pfeilen und überprüfe die Ergebnisse.

12 Uli kauft 3 Äpfel. Ein Apfel kostet 0,50 €.

a) Wie viel muss Uli insgesamt bezahlen?
b) Zeichne die Tabelle der proportionalen Zuordnung für 2 Äpfel, 4 Äpfel und 6 Äpfel.
c) Zeichne den Graphen der Zuordnung.
d) Wie viele Äpfel kann Uli für 2,50 € kaufen?

Tipp zu d) Lies die Anzahl der Äpfel im Graphen ab.

13 2 Melonen kosten 3,00 €.
a) Zeichne den Graphen der proportionalen Zuordnungen in ein Koordinatensystem.
Tipp x-Achse: 1 cm für 1 Melone
y-Achse: 1 cm für 1,00 €
b) Wie viel kostet 1 Melone, wie viel kosten 3 Melonen? Berechne.
c) Kontrolliere die Ergebnisse mit dem Graphen.

Tipp Zeichne ein Koordinatensystem:
– x-Achse (Rechtsachse): Anzahl der Melonen
– y-Achse (Hochachse): Preis in €
Trage den Punkt P(2|3) ein und verbinde ihn mit dem Ursprung (0|0).

14 Proportionale Zuordnung

	1	2	3
	50	100	150

Was könnte hier zugeordnet sein? Erfinde eine passende Textaufgabe.

Tipp mögliche Zuordnungen:
Arbeitsstunden → Lohn in €
Anzahl Spiele → Preis in €
Anzahl Kühe → Milch in ℓ

ANWENDEN

1 Berechne die fehlenden Werte.

a)

	Anzahl	Preis in €	
·2	1	5	·2
	2	□	

b)

	Anzahl	Preis in €	
·3	1	8	·3
	3	□	

c)

	Anzahl	Gewicht in kg	
·4	1	11	·□
	4	□	

d)

	Anzahl	Preis in €	
·□	1	2,50	·□
	3	□	

Tipp
zu c) Multipliziere auf beiden Seiten mit derselben Zahl.
zu d) 1 · □ = 3
Mit welcher Zahl wurde multipliziert?

2 Berechne mit dem Zweisatz.

a) 1 Tüte mit Stickern kostet 50 ct.
Wie viel kosten 3 Tüten?

b) 1 Sticker-Album kostet 2,50 €.
Wie viel kosten 4 Stück?

c) 1 Zeitschrift kostet 4,50 €.
Wie viel kosten 2 Zeitschriften?

Tipp Welches Wertepaar ist gegeben? Trage es in die Tabelle ein. Womit musst du auf beiden Seiten multiplizieren?

3 Berechne die fehlenden Werte.

a)

	Anzahl	Preis in €	
:6	6	18	:6
	1	□	

b)

	Anzahl	Preis in €	
:4	4	20	:4
	1	□	

Tipp Dividiere auf beiden Seiten durch dieselbe Zahl.

4 Übertrage in eine Tabelle und berechne.

a) 3 Päckchen Kaugummi kosten 6 €.
Wie viel kostet 1 Päckchen?

b) 5 T-Shirts kosten 75 €.
Wie viel kostet ein T-Shirt?

Tipp Durch welche Zahl musst du dividieren?

5 Hier haben sich Fehler versteckt. Erkläre und berichtige sie.

a)

	Stück	Gewicht in kg	
·3	1	3	·3
	4	9	

b)

	Anzahl	Preis in €	
·5	1	5	·5
	4	25	

c)

	Tage	Preis in €	
·7	7	21	·7
	1	147	

d)

	Länge in m	Anzahl	
:3	3	6	·3
	1	18	

6 Nudeln mit Tomatensoße

Zutaten für 2 Personen
2 Dosen Tomaten
80 ml Sahne
300 g Nudeln
4 EL Tomatenmark
2 Zwiebeln
2 TL Oregano

a) Berechne die Zutaten für eine Person.

b) Berechne die Zutaten für vier Personen.

Tipp Von jeder Mengenangabe musst du die Hälfte berechnen.

Methode Dreisatz

① Was ist einander zugeordnet?
Schreibe die zugeordneten Werte in die 1. Zeile der Tabelle.

② Wie groß ist der Wert für 1 (Einheit)?
Dividiere auf beiden Seiten durch die gleiche Zahl.

③ Wie groß ist der gesuchte Wert?
Multipliziere auf beiden Seiten mit der gleichen Zahl.

7 8 Säcke Sand wiegen 160 kg.
Wie viel wiegen 5 Säcke?

a) Warum kann man die Aufgabe nicht mit dem Zweisatz berechnen? Begründet.

b) Erklärt die Dreisatz-Tabelle.

		Anzahl	Gewicht in kg	
①		8	160	
②	: 8	1	■	: 8
③	· 5	5	■	· 5

c) Berechnet die fehlenden Werte.

8 4 Tassen kosten 12 €.
Wie viel kosten 6 Tassen?

a) Welche Tabelle gehört zu der Aufgabe?

①

	Anzahl	Preis in €	
	4	12	
: 4	1	■	: 4
· 6	6	■	· 6

②

	Anzahl	Gewicht in kg	
	2	10	
: 2	1	■	: 2
· 3	3	■	· 3

b) Schreibe zur anderen Tabelle eine eigene Aufgabe.

c) Löse die Aufgaben mithilfe der Tabellen.

Tipp Das musst du rechnen:
zu ① 12 : 4 = ■ ■ · 6 = ■
zu ② 10 : 2 = ■ ■ · 3 = ■

9 Berechne mit dem Dreisatz.

a) 2 Sitzkissen kosten 14 €.
Wie viel kosten 5 Sitzkissen?

b) 8 Pflanzen kosten 24 €.
Wie viel kosten 3 Pflanzen?

c) 4 Stück Apfelkuchen kosten 4,80 €.
Wie viel kosten 6 Stück?

Tipp zu a)

	Anzahl	Preis in €	
	2	14	
: 2	1	■	: 2
· 5	5	■	· 5

10 Sophie läuft im Sportunterricht 400 m und misst ihre Zeit.

Wie lange würde sie für 500 m bei gleicher Geschwindigkeit brauchen?
Erkläre dein Vorgehen.

Tipp Du musst beim Dreisatz nicht immer den Wert für 1 berechnen. Rechne wie hier:

(oben: 800 → 100 : 8; 100 → 1000 · ■)

Länge in m	800	100	1000
Zeit	240	■	■

(unten: 240 → ■ : ■; ■ → ■ · ■)

11 Erkläre die Fehler und berichtige sie.

a)

	Anzahl	Gewicht in kg	
	4	20	
: 4	1	5	: 4
· 5	5	20	· 5

b)

Länge in mm	Anzahl
6	12
1	2
2	8

Tipp Übertrage die Tabellen ins Heft. Beginne beim Wertepaar in der 1. Zeile und rechne aus. Welche Zahlen sind falsch?